未来技能

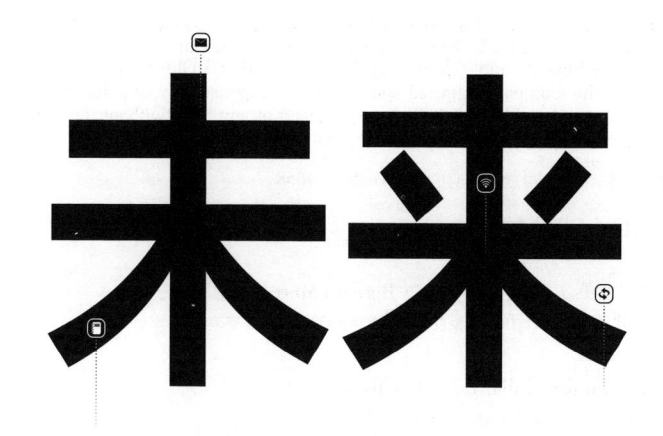

[英] **伯纳德·马尔**（Bernard Marr）著

商陆 译

FUTURE SKILLS
The 20 Skills and Competencies Everyone Needs to Succeed in a Digital World

中国原子能出版社　中国科学技术出版社

· 北 京 ·

Future Skills: The 20 Skills and Competencies Everyone Needs to Succeed in a Digital World by Bernard Marr, ISBN: 978-1-119-87040-1
Copyright © 2022 by Bernard Marr. All rights reserved.
All Rights Reserved. This translation published under license with the original publisher John Wiley & Sons, Inc.
All Rights Reserved. Authorised translation from the English language edition published by John Wiley & Sons Limited. Responsibility for the accuracy of the translation rests solely with China Science and Technology Press Co.,Ltd and China Atomic Energy Publishing & Media Company Limited and is not the responsibility of John Wiley & Sons Limited. No part of this book may be reproduced in any form without the written permission of the original copyright holder, John Wiley & Sons Limited.

北京市版权局著作权合同登记　图字：01-2023-4058。

图书在版编目（CIP）数据

　　未来技能 /（英）伯纳德·马尔（Bernard Marr）著；商陆译 . — 北京：中国原子能出版社：中国科学技术出版社，2023.10
　　书名原文：Future Skills: The 20 Skills and Competencies Everyone Needs to Succeed in a Digital World
　　ISBN 978-7-5221-2969-3

　　Ⅰ.①未… Ⅱ.①伯… ②商… Ⅲ.①未来学 Ⅳ.① G303

中国国家版本馆 CIP 数据核字（2023）第 171217 号

策划编辑	杜凡如　王秀艳	特约编辑	杜凡如
责任编辑	马世玉	文字编辑	杨少勇
封面设计	北京潜龙	版式设计	蚂蚁设计
责任校对	冯莲凤　张晓莉	责任印制	赵　明　李晓霖

出　　版	中国原子能出版社　中国科学技术出版社
发　　行	中国原子能出版社　中国科学技术出版社有限公司发行部
地　　址	北京市海淀区中关村南大街 16 号
邮　　编	100081
发行电话	010-62173865
传　　真	010-62173081
网　　址	http://www.cspbooks.com.cn

开　本	880mm×1230mm　1/32
字　数	206 千字
印　张	10
版　次	2023 年 10 月第 1 版
印　次	2023 年 10 月第 1 次印刷
印　刷	北京华联印刷有限公司
书　号	ISBN 978-7-5221-2969-3
定　价	69.00 元

（凡购买本社图书，如有缺页、倒页、脱页者，本社发行部负责调换）

谨以此书献给我美丽的妻子克莱尔(Claire)和三个优秀的孩子索菲亚(Sophia)、詹姆斯(James)和奥利弗(Oliver)。

引言：
为新型职场做好准备

技术极大改变了当今世界。戴尔公司和未来研究所共同出具的一份调查报告称，2030年的职业种类与当前相去甚远，其中85%将是新兴职业，如今尚不存在。也就是说，大多数年龄较小的在校生未来都将走向崭新的工作岗位。乍看起来，这个预测未免过于夸张了，但我认为这并不是天方夜谭，毕竟在过去10年中，职场已经发生了太多变化，社交媒体、自动化和人工智能领域都是非常典型的例子。

如今，我们迎来了新工业革命，即第四次工业革命。前几次工业革命的经验告诉我们，在新工业革命时期，人们所做的工作将快速发生变化，有些职业会消失，新的职业会出现。

换句话说，未来职场对技能和经验的要求将与当前截然不同。因此，在探讨成功所需的必备技能时，我们不仅要考虑如今存在的职业，还要考虑未来可能出现的职业。此外还应该意识到，未来，机器将承担更多工作。

我无意引起大家的恐惧或忧虑情绪。我写这本书也不是为了告诉大家"机器人将夺走我们的工作机会，这非常可怕"，而是恰恰相反。我相信，未来的职场是光明的。

❖ 重塑职场，不断优化 ❖

在第三次工业革命（由电子计算机技术推动）的基础上，第四次工业革命（由自动化和互联网技术推动）将彻底重塑职场的未来。人工智能和机器人技术将取得长足进步并变得更加智能化，几乎所有工作都将因此而发生变化。

但是，我认为，这些快速发展的技术非但不会剥削职场人士，反而会让职场变得更加人性化。自动化技术能够承担一部分工作任务，这样剩余的时间就可以用来做更适合人类的工作，也就是那些极大地依赖复杂决策、创造力、共情能力、情商、批判性思维和沟通等人类技能的工作。即便是最智能的机器，在以上列举的技能领域也很难超越人类。这就是我们作为人类的优势所在，也是更人性化、更充实的未来职场的重点所在。

因此，我认为职场将要发生的变化对于我们这些职场人士而言是一件好事，对于我们的孩子来说更是一件好事，他们将走上我们甚至无法想象的全新的工作岗位（前三次工业革命改善了人们的生活，想必本次工业革命也将如此）。在这一波转型来临之际，世界各地的企业都在努力学习技能，查漏补缺。职场人士已有的技能与第四次工业革命中企业所需技能之间的差距很可能非常巨大。这个问题亟待解决。

想游刃有余地应对未来职场的数字化转型，就必须具备相应的基本技能。也就是说，技能将是决定未来职场人士成功与否的关键因素。这个观点很容易让人们接受，但某些具体的技能就有些出人意料了。

❖ 软技能越来越重要 ❖

许多人认为，编程等技术技能才是数字化新世界的必备技能。但事实上，要想在数字化世界中脱颖而出，重点并不在于掌握渊博的技术知识，而在于深入了解在第四次工业革命中飞速发展的技术以及这些技术对未来职场的影响。我们要明确人类与技术分别有哪些优势，还要知道如何利用这些优势。未来职场对软技能的要求很高，软技能将帮助人们在数字化世界中取得成功，而不必与机器争夺可以轻易实现自动化的工作。诚然，仍有一些工作需要技术技能，但绝大多数技能需求都是软技能，而这些技能是机器不具备的。

然而，目前的教育体系未将这些技能囊括在教学任务内（即使有些学校开设了相关课程，也只是草草了事）。学校教育过于重视数学等基础学科的教学工作，却缺乏对软实力重要作用的清晰认知。讽刺的是，学校热衷于提高学生的学习成绩，却不培养他们在未来职场中所需的技能。

智商是与生俱来的，而成功的必备技能却是可以学习、可以提高的。这就是本书的价值所在。

这本书能告诉你什么

本书适合所有想要用成功必备技能来武装自己的人。无论你是职场新人还是已经小有成就的老员工，无论你想换个职业赛道，还是想跟上行业的变化，或者是成为职业常青树，本书都将带给你启发。此外，本书面向的读者范围很广，任何行业、职位和教育程度的读者都能从中获益。

本书共20章，分别探讨了20种未来企业员工所需的重要技能。每章的开头都会简要概括这项技能，然后阐述它的重要性，最后说明学习或提高该技能的步骤。由于篇幅有限，所以本书并未对每项技能进行深入探索，但本书是经过深思熟虑的总结，内容包含很多有价值的要点和大量实用的提示。最重要的是，本书想带给你进一步探索学习的动力，为你提供进一步探索这些重要技能的路线图，助你深入研究你感兴趣的或需要深耕的领域。

同时，我希望这本书能让你乐观看待未来职场乃至整个世界。自动化确实将取代数百万人的工作，但未来也将有数百万个新工作岗位出现。此外，我坚信，技术将让世界变得更加人性化，我们可以利用人类的惊人潜力来解决气候变化和不公平等严峻问题，最终创造一个更美好的世界。拥有了成功的必备技能，我们就能为实现这个美好愿景贡献自己的一份力量。

那么该从哪里开始呢？本书涉及的技能大多数是软技能，但不可否认的是,了解技术并在工作中用好技术将变得越来越重要。因此,在探讨与人类联系更紧密的软技能之前,让我们先说说成功必备的技术技能。

目 录

第一章 数字素养 —001

数字素养是什么 / 004
数字素养的重要性 / 004
最基本的数字素养与技能有哪些 / 007
怎样提高数字素养 / 018
本章小结 / 021

第二章 数据素养 —023

数据素养是什么 / 025
数据素养为什么如此重要 / 026
关于数据,你需要知道些什么 / 029
如何提高数据素养 / 038
本章小结 / 041

第三章 技术技能 —043

技术技能是什么 / 045
技术技能为什么重要 / 046
必备的技术技能有哪些 / 049
如何精进技术技能 / 051
本章小结 / 053

第四章　数字化威胁意识 ___055

数字化威胁意识是什么？它为什么如此重要 / 057

日常生活中最严峻的数字化威胁 / 058

认识几种主要网络威胁 / 067

抵御网络威胁 / 070

本章小结 / 072

第五章　批判性思维 ___073

批判性思维究竟是什么 / 076

当前的问题：为什么每个人都需要具备批判性思维 / 077

如何提高批判性思维能力 / 085

本章小结 / 007

第六章　判断力和处置复杂事件的决策能力___089

理解判断力和决策 / 091

为什么判断力和复杂决策能力比以往任何时候都更重要 / 096

如何提高判断力和决策能力 / 097

本章小结 / 100

第七章　情商和同理心 ___101

情商和同理心是什么 / 103

为什么我们需要情商和同理心 / 106

怎样提高情商和同理心 / 110

本章小结 / 111

第八章　创造力　＿113

创造力是什么 / 115
创造力为什么重要 / 116
如何提高你的创造力 / 121
本章小结 / 124

第九章　合作和团队协作　＿127

合作是什么 / 129
合作为什么重要 / 132
如何提高合作技能 / 134
本章小结 / 137

第十章　人际沟通　＿139

人际沟通是什么 / 141
人际沟通技能为什么重要 / 147
本章小结 / 151

第十一章　零工经济　＿153

零工经济是什么 / 156
零工经济的重要性 / 158
如何为就业市场的重大转变做好准备 / 160

本章小结 / 164

第十二章　适应性和灵活性 ___167

适应性和灵活性是什么 / 170
适应性和灵活性为什么重要 / 172
如何提高适应性和灵活性 / 175
本章小结 / 178

第十三章　多样性意识和文化智力 ___181

多样性意识和文化智力是什么 / 184
多样性意识和文化智力为什么重要 / 186
怎样提高文化智力 / 188
本章小结 / 190

第十四章　道德意识 ___193

道德意识是什么 / 195
为什么道德意识一直很重要 / 199
如何提高道德意识 / 200
本章小结 / 203

第十五章　领导技能 ___205

如今，作为领导者代表着什么 / 207
怎样成为更优秀的领导者 / 220

本章小结 / 221

第十六章 个人品牌和人际关系网　　223

个人品牌是什么 / 225
本章小结 / 234

第十七章 时间管理　　237

时间管理是什么 / 239
为什么时间管理在今天比以往任何时候都更重要 / 242
如何提高时间管理技能 / 244
本章小结 / 248

第十八章 好奇心和持续学习　　251

好奇心和持续学习是什么 / 253
好奇心和持续学习为什么重要 / 258
如何激发好奇心，保持终身学习 / 259
本章小结 / 264

第十九章 接纳并庆祝变化　　267

接纳并庆祝变化是什么意思 / 269
怎样接纳并庆祝变化 / 275
本章小结 / 280

第二十章　照顾好自己　　　—283

怎样照顾自己 / 286

为什么要照顾好自己 / 289

怎样更好地照顾自己 / 293

本章小结 / 299

结语　　　—301

这 20 项技能描述了什么样的未来 / 301

接下来要怎么做 / 302

积极面对未来 / 303

第一章 数字素养

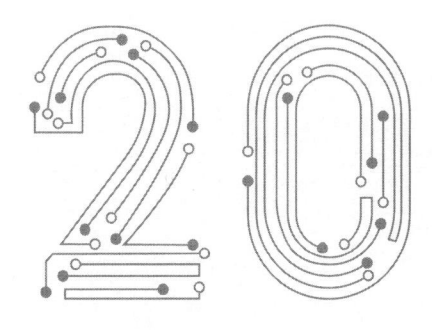

第一章
数字素养

我最近读了一本好书,名字叫作《新物种》(*The New Breed*)。作者凯特·达林(Kate Daring)在书中指出,面对机器人时,人类不应该有恐惧心理,而应该从人与动物的相互关系中寻找启示。作者认为,与其站在人类与机器的角度看待机器人的问题,不如从人类与被驯化的动物之间的关系来思考。也就是说,人类可以是机器人的主人,而机器人让我们的生活变得更美好、更轻松。这种思路与通常的想法背道而驰,因为我们通常认为机器人将取代人类,夺走所有工作岗位。

我之所以提到这个有趣的观点,是因为在如今这个瞬息万变的时代,以积极的态度对待技术是至关重要的。在这样的大环境中,持续学习将成为一种常态。从这个角度来看,能否保持积极乐观的心态,是否乐于接受并探索新技术带来的可能性,将最终决定一个人成功与否。因此,本章想要激发你对数字化未来世界的兴趣,并帮助你了解数字素养这种未来职场中的硬通货。

❖ 数字素养是什么 ❖

数字素养是指我们为了适应日益数字化的世界而需要学习、研究并应用的数字技能。具备了数字素养，我们就能轻松地与技术互动，也能掌握基本乃至更高级的数字技能。这些数字技能包括：

- 使用数字设备、软件和应用程序，以便应对日常生活、教育以及工作等场合的需求；
- 利用数字工具与他人沟通、协作和分享信息；
- 以适当、有效且安全的方式处理数据；
- 在数字环境中确保安全；
- 了解新兴技术。

❖ 数字素养的重要性 ❖

数字化转型可能是大多数人在职业生涯中能够经历到的最大的转型。数字化贯穿了我的全部工作流程：日常行政工作、创造并分享内容、为客户提供咨询、举办教育研讨会，都离不开数字化技术。新冠疫情期间，职场的数字化转型加速推进。我认为，未来，这种转型将进一步加速，且其带来的变化将非常大。各行各业都面临着数字化转型升级，酒店、教育、医疗保健等极大依赖人力的传统行业也是如此。

第一章
数字素养

我们的目标是：有信心用好技术，有能力掌控技术

数字化转型是所有行业的必经之路，每个职场人士都将或多或少地受到影响。日常工作、沟通交流和学习（包括职场人士业余学习以及学生的全日制教育）将越来越离不开数字工具。机器人、软件、人工智能、传感器和未来可能出现的智能机器将逐渐融入所有工作场合，从工厂到律师事务所，无一例外。

我想以人工智能为例，谈谈人工智能对人类工作的影响。在这里举一个有关我自己的有趣的例子。我委托新德西亚公司（Synthesia）制作我本人的数字形象。他们为我在绿幕前录制了视频，并以此为原型创建了一个逼真的虚拟伯纳德。我只需要在电脑中输入我想说的话，虚拟伯纳德就能用我的声音一五一十地说出来！也就是说，我不必站在镜头前亲自录制视频。我只要写出文字稿，就能生成视频（在我的YouTube频道上传视频能吸引更多粉丝）。虚拟伯纳德甚至能驾驭其他语言。

这一切都要归功于人工智能。在不久的将来，人工智能工具将提升各行各业的工作效率：建筑师将设计概要和规范要求输入人工智能软件，就能毫不费力地获取若干种优秀设计，并可以从中选择其一；营销人员只需要按一下按钮，就能生成大量内容；安保人员能够实时分析大量监控录像，立即发现可疑行径……这些并不是无稽之谈。如今，人工智能工具已经能够帮助职场人士解决问题了，应用日益广泛的客服聊天机器人就是一个典型例子。

尽管人工智能工具将越来越多地应用在工作之中，但是我们无须为了迎合这种趋势而变成软件开发者或者人工智能专家。不过，我们应该熟悉这些技术工具，并掌握使用它们的技能。至此，每个人都要问自己两个重要的问题：

1. 对于职场人士而言，数字化革命对我的工作场所和工作意味着什么？对于在读学生而言，数字化革命对我未来的职业生涯意味着什么？我认为，对于多数人而言，数字化革命意味着人与机器之间的分工发生变化，更多机械式的工作将交由机器完成，实现自动化。

2. 我要怎样掌握与数字化技术一起完成工作任务所需的技能？本章稍后将讨论提高数字化技能的方法。

在工作场所之外，数字化技术也已经融入了我们的日常生活，未来更将如此。试问，你上一次使用纸质地图查询行驶路线是什么时候？上一次提笔写信又是什么时候？上一次在又大又厚的本地企业通讯录中查找某家公司的联系方式是什么时候？我猜都已经是很久之前了吧。现如今，每当我们想要获取某些信息、与他人沟通交流，或者在陌生城市导航时，我们往往会使用手头儿的智能设备，而不再使用那些原始方式了。即便是这些日常活动也会随着人工智能等技术的发展而迅速变化。因此，为了更好地发展，我们必须从容地对待技术，有信心用好技术，有能力掌控技术。为此，政府和个人都需要投入一定的时间、精力和金钱。政府有义务帮助人们掌握成功所需的技能，个人则要勇敢面

第一章
数字素养

对崭新的世界,并成为终身学习者。

技术投入不会在短期内迅速到位

目前,很多工作还没有进入正轨。一项调查显示,四分之三的员工认为他们的工作将在 5 年内变得更数字化,但五分之一的企业尚未针对员工的数字化技能制定相应的战略。也就是说,很多员工面临着因为缺乏数字素养而落后于他人的风险。

英国智库学习与工作研究所得出的结论突出了培育数字化技能的紧迫性,并称英国将面临"灾难性"的数字化技能短缺局面。美国的情况同样不容乐观:三分之一的员工缺乏数字化技能,而 82% 的中等技能工作(无须本科学历即可胜任,同时工资可以满足生活所需)都是数字化密集型工种。针对这种状况,我们必须有所改变。如果所有人都具备必要的数字素养与技能,那么这个问题就将得到极大改观。

❖ 最基本的数字素养与技能有哪些 ❖

我认为,人们所需的数字化技能可以分为两个层次,即基本技能(即我们在日常的工作生活中高效使用技术所需的技能)和进阶技能(这是游刃有余应对工作的关键所在)。本章将深入探讨这两个层次的技能。尽管技能有高低之分,但是它们都能帮助人们解决问题，与他人沟通交流，获取并分享信息，让工作和生活更轻松，并引领人们走向成功。

日常生活和工作所需的基本数字素养

英国政府曾经发布一个基本数字化技能框架，列举了21世纪所需的最基本的数字化技能，其中包括：
- 启动电子设备；
- 将设备连接到安全的无线网络；
- 上网搜索信息，查找并使用网站；
- 使用电子邮件及能够发送信息的应用程序与他人交流；
- 注册并使用Skype、Zoom、FaceTime等视频通话软件；
- 与他人共享文档；
- 在社交媒体上发布内容；
- 知道密码及个人信息具有价值，明白要保证它们的安全；
- 在必要时更改密码。

这些技能看起来可能非常基础，对于在大量应用数字化工具的环境中工作的职场人士而言甚至是小菜一碟。但事实上，2018年的一份报告显示，21%的英国人（超过1300万人）及10%的英国职场人士欠缺甚至完全不具备基本的数字化技能。

该框架也指出了职场中所需的其他重要技能，包括：
- 理解并遵守雇主的信息技术和社交媒体政策；

第一章
数字素养

● 在远程工作时遵守安全条款（第四章将详细介绍网络威胁意识）；

● 使用数字化协作工具来交换信息并与同事合作完成工作（例如使用谷歌文档协作完成文件。第九章将详细介绍与合作有关的内容）。

考虑到工作环境的数字化进展迅速，我认为基本的数字素养不局限于启动设备、利用技术进行交流等。在此，我想对以上提到的基本技能加以补充完善：

● 以积极乐观的态度应对新兴技术，不抗拒使用新工具。要认识到技术的价值，明确技术如何帮助企业和个人取得成功。

● 通晓技术。确切地说，要了解新兴技术，思考它们对工作会产生怎样的影响。

● 了解技术可能存在的缺陷。"过滤气泡"现象就是一个很好的例子：搜索引擎和社交媒体平台会根据你的个人信息及此前的上网行为提供专属于你的个性化内容，这可能会限制你看待世界的视角，还可能向你推送大量假新闻。因此，我认为批判性思维是一项必备的未来技能（第五章将详细论述）。

● 创建并管理网络身份和网络声誉，即理解社交媒体活动对建立个人品牌的重要影响，并在工作场合及工作以外的场合恰当地使用社交媒体（第十六章将就个人品牌展开论述）。

● 创建数字内容，形式包括写博客、上传视频、发推特或播客等。今后，数字内容的创建将越来越多地借助人工智能（见第八章）。

未来技能

进阶数字素养与技能

下面来谈谈进阶技能。如果说基本技能能够帮助我们轻松应对日常生活的需求并胜任工作,那么进阶技能则是在职场中脱颖而出的关键所在。进阶技能将提高你的价值,让你与职场的发展"齐头并进"(如果说真的有什么东西能够让人们与这个突飞猛进的时代齐头并进,那么这些进阶技能一定位列其中)。

我还将在本书中深入探讨诸如机器学习、元宇宙等较高深的技术。你可能会感到疑惑,"我真的需要知道这些吗?"是的,你必须知道这些。当然,你不需要像软件开发者一样专业,但你需要大体了解人工智能等技术将对工作和生活产生怎样的影响。

多说一句,未来某一天,人工智能甚至可能代替人类,独自编写计算机软件,那时人们就不再需要掌握编程技能了。人工智能实验室 OpenAI 开发出了一种名为 GPT-3 的人工智能模型,它能够基于人们对预期功能的描述,自动生成相应的软件代码。这意味着所有的人都能创建软件。GPT-3 还能像人类作家一样写文章和创建内容,甚至还能模仿特定作家的写作风格,但这就不是我们的研究重点了。

明确人工智能的潜力

我们不能说,所有的人都应该视人工智能和机器学习为重中之重。本书将人工智能和机器学习并列,但严格来讲这并不准确，因为人工智能和机器学习并不完全一样。

● 人工智能的概念更宽泛，指机器能够通过"思考"，完成一些"智能"的任务。

● 机器学习是人工智能概念的现实应用。通俗来讲，机器学习就是让机器访问、学习数据，并据此解决特定问题或者完成一些任务。

● 深度学习比机器学习更先进。深度学习能处理极大的数据集，例如大量推特推文。理论上，深度学习能够通过"思考"解决所有问题，完成一切任务。

不论是以机器学习还是以更复杂的深度学习为基础，人工智能都能利用数据帮助人们做出更精准的预测和更恰当的决策，包括预测哪些工厂设备可能会出现故障，判断哪些客户最有可能放弃公司的产品和服务，选择最有效的货物运输路线，决定销售团队本月将资源向哪里倾斜等。这是人工智能的核心及其潜力所在：由智能机器做出的精确预测和更恰当的决策。

了解人工智能的未来发展方向

人工智能将成为人类有史以来最具有变革性的技术。谷歌首席执行官桑达尔·皮查伊（Sundar Pichai）认为，人工智能对人类产生的影响甚至将超过火和电力。我们很难全面预测人工智能的发展前景，但我们可以简要探索一下人工智能在短期内将对人类产生哪些重要影响。

第一，人工智能将逐渐渗入工作场景，提高职场人士的工作效率。不要再对职场人士被机器人取代一事抱有恐惧感。虽然有些职业确实会因为人工智能而发生改变，还有些甚至将消失，但是大多数岗位的工作人员都将与智能机器通力合作，企业也将从中受益。不久以后，越来越多的职场人士将发现，自己每天都在智能工具的协助下完成工作。

第二，语言模型将进一步发展。机器和设备能够利用人工智能技术来理解人类语言并响应语音请求，甚至还能独立生成内容。不久以后，语言模型的功能将更加强大。还记得上文提到的GPT-3人工智能吗？OpenAI已经开发完成下一代人工智能GPT 4了，它可以与人类进行更复杂的沟通交流。

第三，人工智能将对网络安全产生重大影响。人工智能可以学习识别恶意的网络行为，从而为网络安全做出极大贡献。我认为，这将是未来人工智能发展的重要方向之一（第四章将详细介绍网络安全）。

第四，人工智能将成为元宇宙的关键技术。元宇宙与互联网类似，是一个虚拟世界，我们都能以虚拟身份在那里生活。本章稍后将重点讨论这个令人难以置信的想法。

第五，人工智能将与"低代码"及"无代码"解决方案融合，实现通过即插即用界面轻松创建个人的人工智能系统。例如，没有任何网页设计经验的人都可以使用"广场空间"（Squarespace）等建站平台创建自己的网站。这将极大推动人工智能的"民主化"进程,让人工智能真正为大众所用。

第六,人工智能具有创造性。未来,人工智能将越来越多地应用于常规的创造性任务之中,例如给文章起标题或者增加图片说明、设计信息图形或者表格等。写文章和创造艺术作品等非常规的任务也能引入人工智能技术。人类还能与人工智能工具一起工作,实现共同创造,这也是一个值得关注的重要领域(详见第八章)。

第七,人工智能以及广泛应用的数字化技术将影响其他技术趋势,例如3D打印(目前,该技术几乎可以打印所有东西,从房子到食物都不在话下)、基因编辑、合成生物学等。在人工智能技术的支持下,人们可以针对新药和疫苗开展数字化临床试验,从而缩短研发时间。

综上,我们不能将人工智能视为一种独立的技术趋势,而是要从更宽泛的角度,将其视为一场技术革命的内在组成部分。

数据支撑着人工智能技术

如果没有数据,人工智能就是空谈。智能机器从数据中发现模型并做出预测。因此,数据素养是一项基本的数字素养与技能。第二章将详细论述数据素养,简而言之,数据素养意味着能够有效地获取并使用数据。这并不意味着各位读者都要成为专业的数据分析师,而是建议大家培养获取、解释与提炼数据的能力,从而更轻松地完成工作,更准确地做出决定。

数据素养还意味着要理解数据的支撑作用。许多技术趋势以数据为基础,人工智能技术更是离不开数据:Alexa[1]靠数据来处理人类的语音请求(对应的技术术语是自然语言处理),并用自然的语言给予回复(即自然语言生成);数据能让机器"看到"外界环境,例如自动驾驶汽车利用摄像头和传感器来感知周围的情况并相应地采取行动,这种让机器看见并解析视觉数据的技术被称为机器视觉;机器人流程自动化,即让软件机器人执行重复的工作任务,例如安排会面、处理信用卡申请等;量子计算技术能够极大地提升计算机的运算能力,从而完成传统计算机无法完成的任务。如果没有数据的支持,那么这些技术都不可能实现。

数据还与性能更佳、速度更快的5G通信网络相连,这样我们就能随时随地调取大量数据,执行相应任务。这又与云计算有关,因为我们可以从任何地方访问存储在云端和网络中的数据。5G网络也将助推边缘计算的发展,即数据的处理不在云端进行,而在本地设备上进行。

随着数据量的激增,我们的世界变得越来越智能化,智能手机、智能家居甚至智能城市都已经耳熟能详。只有冰箱、吸尘器、工作场所乃至生活中的万事万物都变得智能化,这种趋势才会持续下去。

---

[1] Alexa是亚马逊旗下的智能音箱、智能语音助手。——译者注

第一章
数字素养

在数字宇宙中生活：元宇宙

如今，我们作为旁观者，浏览着互联网中的内容；未来，我们会不会成为当事者，在互联网中生活？这就是元宇宙概念背后的逻辑。元宇宙是继人工智能之后的数字化大趋势。马克·扎克伯格（Mark Zuckerberg）曾说过，他在构想脸书（Facebook）[1]之前，就已经对构建元宇宙颇有兴致了。那么，元宇宙是什么？它是一个持久的、共享的、虚拟的 3D 世界，在这个虚拟实境中，人们可以工作、玩游戏、听音乐会、购物、和朋友出去玩儿，功能之多数不胜数。元宇宙的关键词之一是"共享"，它是一种共享的、沉浸式的体验，为人们提供协作与互动的场景，就像同处于一个真实的空间一样。元宇宙不必局限于某个平台，但提供共享、持续的体验是它的大前提。因此，用户可以从沉浸式的虚拟现实环境切换到手机上的 2D 应用程序，但他所做的活动和所处的环境要具有持续性。使用属于个人的数字替身来探索不同的场景，是元宇宙的主要特征之一。

将人类与机器长时间相连的沉浸式数字化现实技术总会让人联想到电影《黑客帝国》（*The Matrix*）里险象环生的场景。另外，这些技术还牵扯到一些道德和伦理问题，比如匿名的"喷子"可能会在沉浸式数字空间中跟踪我们。但事实上，自互联

---

[1] 现已更名为元宇宙（Meta）。——译者注

网、社交媒体、第二人生[1]等共享数字化平台、虚拟现实和增强现实技术出现以来，人们自然而然地开始构建元宇宙这个概念。也就是说，越来越多的日常活动正在向数字化环境中迁移（新冠疫情加速了这个进程），而元宇宙可能是迁移过程中顺理成章的下一步。

这看起来可能有些牵强，但事实已然证明了这种走向。以备受欢迎的游戏《堡垒之夜》（Fortnite）为例：这款游戏举办了几场虚拟音乐会，让数百万玩儿家齐聚一堂，在线观看爱莉安娜·格兰德（Ariana Grande）等知名歌手的表演。这就是元宇宙概念的未来应用场景之一。

很多著名艺术家也在逐渐融入沉浸式数字体验的大趋势。瑞典超人气天团阿巴乐队（ABBA）与视觉特效制作公司工业光魔（Industrial Light & Magic）联手合作，按照1979年乐队成员的相貌特征为他们打造了数字人物形象。这些虚拟形象能够精准捕捉并复制真人的舞蹈动作。2022年，这些永葆青春的数字替身（也称为阿巴达，即ABBAtars）在伦敦举办了名为"阿巴启航"（ABBA Voyage）的数字音乐会。音乐会在专门建造的实体场地举办，歌迷们在那里看到了四个重返青春的数字化身。这是元宇宙与娱乐相结合的方式之一。未来还会出现更多应用场景，猫王埃

---

[1] 第二人生（Second Life）是一个在美国非常受欢迎的网络虚拟游戏，玩家可以使用虚拟化身进行交互。——译者注

第一章
数字素养

尔维斯·普雷斯利（Elvis Presley）复活重返舞台也不是天方夜谭。

那么，从现实角度来讲，我们距离建成元宇宙到底还有多远？脸书、微软等积极探索元宇宙领域的企业大多数将其视为一项远大工程，因此这件事远非指日可待。就眼下而言，元宇宙的概念更倾向于增强现有网络环境的沉浸感，使其与真实环境结合得更加紧密，例如将虚拟现实融入社交媒体之中。相关人士表示，脸书将在未来5年内实现这个愿景。

放眼未来，设备和硬件将不断更新换代，带给人们更多沉浸式的体验，使生活在互联网中成为可能。届时，我们可能不必再佩戴厚重的虚拟现实头戴式显示器，只需要戴上一副轻便舒适的智能眼镜（甚至是智能隐形眼镜），就能尽情享受虚拟世界带来的乐趣。我们也将找到与数字体验相连接的新方式，到那时，真实世界与虚拟世界之间的界限将变得更加模糊。

综上所述，社交媒体和虚拟现实是走向元宇宙的重要垫脚石。而我认为，全能宇宙（Omniverse）也是关键之一。全能宇宙是游戏及人工智能先驱英伟达发布的仿真与协作平台。该平台能够实现物理现实与虚拟世界的交互，还能连接到其他虚拟数字平台，从而为异地工作的员工提供一个虚拟工作环境，重现同在一室工作的真实体验（网络摄像头会实时录制员工的影像，并将其转换为对应的虚拟化身）。随着远程办公的员工越来越多，类似的工具将彻底改变职场的本质。自然，它们也将逐渐应用于工作以外的场合。未来某一天，你可以和朋友一起在这样的虚拟平台上举办快速抢答比赛。

❖ 怎样提高数字素养 ❖

下面,我们来讨论一下如何提高数字素养。

给个人的建议

首先,要了解你目前的数字素养水平。你可以对照本章提到的基本技能,评估你是否拥有在日常生活中有效利用技术所需的理论知识。通常来讲,政府或相关机构会提供相应的学习资源,帮助公民掌握基本的数字化技能。英国开放大学(Open University)开设了名为"数字化技能:在数字化世界中取得成功"的免费课程,旨在提高人们对在网上生活的信心并培养相关的技能。

其次,你只需要对这些技术有粗略的认知,并明确它们对工作和生活的影响。至于人工智能、元宇宙等进阶的技术,成为行家里手就大可不必了。你可以用自己最喜欢的方式来学习并跟上这些新技术。《连线》(WIRED)杂志、"极客谈"播客(GeekSpeak podcast)等资源都能为你提供极大帮助。YouTube 也提供了大量可访问信息,还有各种主题的免费在线课程,供初学者和专业人士等各个层次的求知者观看学习。

第一章
数字素养

此外，我建立了一个网站 bernardmarr.com，上面集成了大量有关各种技术趋势的信息，还提供了很多实际案例，说明企业是如何利用这些技术工具来推动业务发展并走向成功的。我在 YouTube 频道上传了一些视频，从短小简单的入门视频到对某些主题的深入探讨，应有尽有。在 YouTube 上搜索我的名字并订阅我的频道，就能获取最新消息。

员工还应该鼓励雇主给数字化素养培训和支持拨款。某些雇主可能不易被说服，但员工可以极力向雇主展示提升员工的数字化技能能够给公司带来的好处，包括提高生产力、改善绩效等。

从根本上来讲，你最应该做的是成为一名"终身学习者"（第十八章将详细介绍持续学习这个基本技能）。你还要特别注意的是，以积极的心态拥抱新技术。诚然，数字化转型将改变许多人的工作内容，还会取代数以百万计的工作岗位。但是，数字化革命将创造更多就业机会。据世界经济论坛估计，到2025年，机器将取代8500万个工作岗位，同时将创造9700万个新工作岗位。

给雇主的建议

雇主应该采取适当措施，帮助员工掌握成功所必需的数字化技能。首先，雇主应该了解公司员工目前的数字素养，从中寻找差距，并确定培训需求。雇主应该逐一解答以下问题：

- 当前，员工能否轻松地使用技术工具？
- 员工怎样对待新技术工具？
- 员工是否理解数字化工具对工作产生的积极作用（即便是在科技高速发展时期成长起来的年轻员工也未必知晓这些积极作用）？
- 员工是否愿意使用社交媒体？他们是否知道如何利用社交媒体进行公司宣传？
- 员工是否经常使用数字化工具进行团队协作？
- 员工是否清楚网络安全风险隐患？他们是否知道如何保护自身以及公司？
- 员工能否以合乎道德且安全的方式与数据进行交互？

其次，雇主可以进行员工调查（也可以使用数字化测试），以便了解员工当前的数字素养。在此基础上，雇主可以制订相应的数字化学习计划，并给予持续支持，例如视情况提供在线学习资源及在职培训机会等。

有一件事儿需要铭记在心：提高员工数字素养的关键一步是反复强调它对于每个员工的价值。做出改变有时是令人恐惧的，因此雇主需要培养员工对技术的积极主动心态，消除他们对机器人会取代人力的负面刻板印象。另外，雇主还应该建立重视终身学习的企业文化，这样就能从容地面对即将到来的快速转变。

❖ 本章小结 ❖

最后,让我们总结一下本章的关键点:

● 数字素养意味着拥有驾驭日益数字化的世界所需的基本技能。在职场中、在日常生活中、在学校里,人们都应该掌握相应的技能。

● 在快速变化的外部环境中,保持积极的心态至关重要。不要再执迷于机器人和人工智能导致世界末日的预言了。问问自己,"技术怎样在职场中助我一臂之力,怎样让我更轻松地生活,怎样帮我实现个人和职业目标?"

● 我们都必须成为终身学习者。从现在开始,花些时间来了解那些你不太熟悉的技术趋势。

● 数字素养和工作的数字化转型不会剥夺同理心、批判性思维等人类技能。相反,它们会放大与生俱来的人类技能在职场中体现出来的价值。后面的章节将详细介绍这些重要的人类技能。

数据是数字化加速发展的基础。下面,让我们探讨一下驾驭21世纪职场所需的基本数据技能。

第二章 数据素养

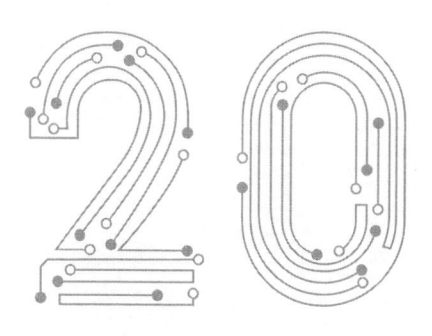

第二章
数据素养

当前，我们正处于第四次工业革命的大潮之中。物理世界和数字世界的新技术层出不穷，推动着这次革命的进程。大量智能设备走入人们的日常生活，小到手表，大到冰箱，都能与互联网相连。这一切都离不开数据的支持。在这个崭新的时代，数据是推动技术发展并取得突破的不竭动力。

因此，数据成了一种珍贵的商业资产。各个企业都希望雇用懂数据的员工，帮助企业挖掘数据中的价值。这意味着每个人都应该掌握使用数据的基本知识。在我看来，数据素养是最重要的未来技能之一。

❖ 数据素养是什么 ❖

简而言之，数据素养是理解并使用数据的能力。在商业环境中，数据素养通常意味着拥有以下能力：

- 获取完成工作或做出明智决策所必需的数据。
- 处理数据，包括创建数据、搜集数据、管理数据、更新数据以及确保数据安全。

- 探寻数字背后的意义,包括理解数据及其含义、进行分析,并从中发现可行的商业观点与机会。

- 向他人阐述商业观点,即在数据的基础上,向恰当的受众讲述一个引人入胜的故事或者传达特定的信息。这对于将商业观点转变为商业行为至关重要。

- 谨慎对待数据。盲从于数据并不是明智之举。要经常问自己:这些数据来自哪里?这些数据是否有效?这些数据是否片面?

数据令许多人惧怕,本章稍后将着重讨论这一点。尽管如此,在第四次工业革命中,所有员工都应该掌握上述数据素养与技能,并拥有自信地处理数据的能力。下面,让我们共同探讨一下数据素养的重要性。

❖ 数据素养为什么如此重要 ❖

本章开头曾经提到,数据是重要的商业资产。事实上,数据可以说是最重要的商业资产。目前,数据甚至超越了石油,成为世界上最有价值的资源。字母表公司(Alphabet,谷歌母公司)、脸书、亚马逊等在第四次工业革命中涌现出的商业巨头都是在数据的基础上建立起来的。此外,数据还支撑了第一章提到的很多技术。例如,人工智能高度依赖机器学习大量数据的能力。因此,理解数据将为进一步学习其他技术打下坚实基础。

数据将无处不在

数据的重要性日益凸显，数据的体量也呈现爆炸式增长。截至 2020 年，全球数据总量约 44ZB，到 2025 年，数据量可能多达 175ZB。ZB 是什么概念呢？1ZB=1024EB，1EB=1024PB，1PB=1024TB，1TB=1024GB。也就是说，1ZB 意味着 1 后面跟着 21 个 0！真是难以置信。

然而，细细想来，这个天文数字似乎有迹可循。如今，人类的绝大多数行为都会生成数据：使用手机或电脑时；在社交媒体上发布内容时；把手机揣在口袋里走在街头，手机会自动发送定位信号；经过摄像头时；刷信用卡支付商品时；看电影或听播客时，等等，数据只会越来越多，所以很多工作都将涉及数据的处理。

对数据技能的需求与日俱增

数据不仅对新兴行业的企业至关重要，而且正迅速成为传统企业的重要商业资产。企业能够利用数据做出更优的决策，更深入地了解客户，并简化业务流程。试以市场营销举例。客户统计数据为营销人员提供了富有价值的信息，营销人员也能据此开展更有针对性的业务活动。数据不仅是互联网的产物，更是现代企业活动的重要组成部分。

未来技能

这意味着雇主更加需要雇用掌握一些数据技能的员工。英国皇家学会的一项研究发现,仅过去5年,数据科学家的需求量就增长了231%。然而,英国政府发布的一份报告称,拥有数据技能的人仍然存在较大缺口,过去两年中,46%的英国企业存在数据岗位招工难的问题。由此可见,数据尽管是世界上最有价值的资源,但也是阻碍企业走向成功的主要原因之一——这在很大的程度上是因为人们普遍缺乏数据技能。

掌握数据技能是走向成功的必经之路,不过好在你无须精通于此,更无须成为名副其实的数据科学家(当然,如果你想转型成为一名数据科学家,那么你必须对数据有足够深入的认识)。

在企业中,很多岗位的工作都涉及数据,因此每个人都应该掌握使用数据指导日常活动与重要决策的技能。恰当地利用数据将助你在职场中达到目标并更出色地完成任务,还能提高公司业绩。鉴于企业对数据技能的需求及许多企业的数据技能人才有缺口,精通数据的人将脱颖而出。

以下是数据素养可以助你一臂之力的地方:

● 助你更轻松地解决问题,做出更明智的决定。各行各业的员工不论职位高低,都或多或少地涉及解决问题和做出决策。此时,数据可以助你锁定目标,确定重要客户,增加销售量。

● 不必依赖他人来获取信息。在现代数据分析工具的帮助下,几乎所有的人都能处理数据,并从中获得启示。只要你对数据有基本的理解,就可以独立完成很多任务,而不必苦等分析团队出具的分析报告。

● 你可以向利益相关者提出更具有说服力的案例，从而在竞争新项目、争取新资源时脱颖而出。数据可以传达信息，并提供确凿的证据来支撑你的论点，进而提高成功率。

● 你与技术部门同事的沟通会更加顺利。如今，信息部门和技术部门并不是孤岛，跨部门协作是大多数企业的常态。因此，你要有能力与技术部门的同事谈论数据，并提出恰当的问题。

❖ 关于数据，你需要知道些什么 ❖

我们谈论的不是进阶的数据技能，也不是多深奥的知识。即便不是统计学家或数据科学家，你也能充分挖掘数据的价值。你需要培养的是处理数据的熟练程度和信心。要实现这个目标，你需要了解一些关键点。下面，让我们先来谈谈基础的数据术语。

数据的基本知识

数据的基本知识不是三言两语能说清楚的，但我还是想用最简短的篇幅高度概括一下。你可以从这里出发，进一步学习相关的内容，我会在本章的最后给出一些建议。

数据是什么？从本质上来讲，数据就是信息。过去，数据通常与数字和统计数据挂钩；如今，数据包括照片、视频、文本等各种类型的信息。向智能语音设备发送语音命令,更新社交媒体,上传网络图片等都产生数据。

数据大体分为两类:一类是定量数据,即能够计量的数据(例如冰激凌的单价、售出的数量等);另一类是定性数据,包括特征、感知、感觉和描述(例如冰激凌的味道、人们对这种味道的感觉等)。总之,定量数据能量化为数字,而定性数据更具有表述性。

数据可以表示某个时间点的情况,例如客户满意度调查。数据还能表示某个时间段内的变化情况,例如月度销售数据统计等。

数据集也是常见的术语。数据集是一组数据的集合,每个数据都称为数据集的变量。例如,冰激凌的销量、口味、顾客满意度等变量可以组成一个数据集。

以上是与数据有关的基本术语。下面,让我们进一步探讨一下数据。

数据的来源有很多

数据的来源不胜枚举。一般来说,数据的来源可以分为两大类:一类是内部数据,即源于企业内部的信息,例如销售和收入报告、员工数据、客户数据、交易记录、业务电子邮件等;另一类是外部数据,即源于企业外部的信息。一些外部数据源是免费的（例如政府数据、谷歌趋势数据等），其他数据则需要付费才能访问（例如源于专业数据提供商的数据）。

数据的质量参差不齐

数据的质量有好有坏，因此应该注重甄别，确保使用的是高质量的数据（本章稍后将探讨质量较低的数据）。概括来讲，高质量的数据具有以下特征：

- 精确性；
- 一致性；
- 时效性；
- 完整性（或尽可能完整）。

数据只有经过分析才有意义

只有在分析数据后，你才能发现有趣或有价值的见解。一般来说，分析数据意味着从中找到模式和趋势，并以此指导未来的行动和决策。如今，亚马逊网络服务、IBM 沃森（Watson）等人工智能平台为大小企业分析数据提供了极大帮助，就连非专业人士都能最大化地挖掘数据的价值。在日常工作中，员工可能用到不同的数据分析工具。如果能熟识数据，那么员工就能为特定任务选择最适当的工具。

上文曾经提到，你无须如数据科学家一般专业。如今，增强分析工具日益精进。增强分析工具能够自动提取来自数据源的数据，并运用自然语言处理技术进行分析，生成简单易懂的报告，供非专业人员使用。也就是说，增强分析能够取代数据分析师，找到数据中的模式并提供有价值的见解。这样一来，更多企业就能对数据进行分析，成为数据驱动型企业，数据民主化的进程也将进一步加速。

然而，这并不意味着数据科学家的位置会被取代。相反，机器能够承担简单的重复性任务，数据科学家则可以专注于更具有战略性和创造性的任务，例如提出更好的商业问题等。

数据应该置于决策的核心地位

数据的功能之所以强大，原因之一就是它可以帮助你解决最大的商业挑战，回答最紧迫的商业问题。因此，想要最大化地挖掘数据的价值，就必须先明确最紧要的问题，并为此找到最合适的数据。这些数据可能来源于企业内部，也可能需要借助外界的帮助才能获得。不论数据源自何处，它们都能助你更明智地做出当前的或长远的决策。

数据本身是毫无意义的。如果你不用数据来回答问题、解决问题、指导决策并付诸实践，那么即便掌握了极尽全面的数据集，又有什么用呢？

第二章
数据素养

数据让人紧张

很多人喜欢数字,但也有相当一部分人不喜欢数字(不喜欢数字的人甚至比喜欢数字的人更多)。因此,"数据"一词引发了很多人的负面情绪,有人不信任数据,也有人因为恐惧而避之不及。甚至有一个专有名词来形容这种现象:数字恐惧症,即对数字的非理性恐惧。

不想深入学习数据的人往往有各种理由:有的在学生时期就讨厌数学(这是一个非常普遍的现象。有调查研究表明,60%的大学生有一定程度的数学焦虑症);有的担心工作变动或落后于他人;有的不愿意冒着被人视为蠢人的风险提出问题,等等。总之,恐惧使人们停下了探索新事物的脚步,它也是通往数据精通之路的绊脚石。增加与数据的接触能够帮助人们克服与数据为伍的恐惧,因此要尽快适应所在企业的数据和分析系统(本章稍后将介绍精进数据技能的方法)。

从数据中产生见解就是一项重要技能

当你在数据中产生见解时,你可能需要将你的洞见传达给其他同事(还可能需要向企业外部的利益相关者传达)。你可以利用这些见解来支撑新项目,争取增加营销经费,推出新产品和新服务等。你可以利用数据来论证你的想法,并赢得他人的支持。

但是，想做到这一点，你必须以有趣味性的、易理解的方式向他人呈现这些数据（更何况还有很多不喜欢数字的人）。你的终极目标不是把数据印在他人的脑海里，而是确保数据能够被人理解。如果说数据后面藏着一个故事，那么你的任务就是找到讲述这个故事的最佳方式。

将数据可视化是讲故事的好方法，正所谓"一图胜千言"。数据可视化工具有很多种，甚至你所在企业的分析工具都可能附带可视化功能，从生成简单的图形到时兴的信息图形等。

在进行数据可视化时，你应该遵循以下原则：

● 使用基准，更明确地体现两个数字间的差异，例如百分比变化等。

● 使用颜色，例如用红色表示百分比下降，绿色表示百分比上升。

● 使用图片或图标来体现变化，例如勾选标记、加号减号等，甚至太阳、乌云、暴风雨等天气符号。

● 表达方式也很重要。不同的人消化吸收信息的方式也不同。对一些人而言，通过文字来理解数字背后的含义是最容易的，图片反而会增加理解难度。因此，应该使用简单明了的标题和简明扼要的描述来突出图像背后的含义，或对数字加以文字解释。

第二章
数据素养

必须懂得质疑数据

我认为，批判性思维也是一项重要的未来技能，因此本书有一整章内容专门探讨这个话题。不要对数据深信不疑，而是要以质疑的眼光审视数据，因为再全面的数据集都不会尽善尽美，总会存在一定程度的不确定性。此外，数据往往存在偏向或偏见。因此，面对数据时，你应该弄清楚下列问题的答案：

- 这些数据来自哪里？它们的来源是否可靠？
- 这些数据是否适用于手头的工作任务？要知道，不同的任务需要使用不同类型的数据。
- 这些数据是否具有时效性？
- 这些数据是否具有代表性？数据是否存在潜在的偏向（处理数据的人是否存在偏向）？
- 这些数据欠缺什么？
- 这些数据是怎样分析的？

质疑数据可以避免损失惨重的错误。安然（Enron）事件[1]就是因为不良数据而起。只需要一次简单的审计，就能发现这些财务数据的虚假之处，避免股东遭受的数十亿美元损失。这只是一个极端的例子，但是它向我们展示了未曾质疑数据而带来的惨重

---

[1] 安然事件，指2001年发生在美国的安然（Enron）公司破产案，是美国历史上极为严重的财务造假案。——译者注

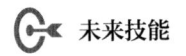

后果。

数据偏见应该引起特别关注。数据偏见意味着数据集中的某些元素（例如性别、种族等）权重过大或过轻。人工智能的一大发展方向就是消除出于人为原因而产生的偏见，但事实证明，人工智能系统可能与人类一样存在偏见，这在很大的程度上要归因于这些系统所使用的数据。一些人认为，几乎所有大数据集都存在偏见。偏见会导致歧视性的负面结果。例如，亚马逊的应聘者评分系统给女性应聘者的打分较低，因此亚马逊不得不关闭该系统。消除数据偏见一事过于深奥，远远超出本书的研究范围，但你应该知道数据集存在着潜在偏见，并明确这种偏见将对结果产生怎样的影响。

自然，人们处理数据的方式也存在偏见。研究表明，尽管所处理的信息相同，不同人也会做出完全不同的决定。这是因为人们的潜在意识和决策风格将影响基于数据做出的决策。因此，以质疑的态度对待决策和数据是非常重要的（第五章将详细探讨批判性思维，第六章将就决策展开讨论）。

相关性和因果性并不相同

很多人将相关性和因果性混为一谈。然而，两个变量之间存在相互关联，并不意味着其中一个变量决定着另一个变量的变化。相关性意味着两个或多个因素往往会同时出现，而因果性则

第二章
数据素养

意味着一个因素直接导致另一个因素的出现。相关性和因果性完全不同,但数据的相关性和因果性经常被混淆在一起。举一个简单的例子说明一下二者的区别:美国缅因州的离婚率与人造黄油的销售量之间存在相关性(这是客观事实,并非臆想),但缅因州居民并不能通过不吃人造黄油来挽救婚姻!

混淆因果性与相关性可能导致决策失误,因此一定要小心谨慎地对待数据模式,不要想当然地认为两个变量之间存在因果性。

数据隐私和数据道德将变得越来越重要

企业都将出台相关政策,规范数据的使用方法,确保数据安全。但除了遵守必要的规章制度以外,具备数据素养还意味着要了解与数据有关的道德陷阱。很多数据包含着个人信息,而个人信息的价值很高,需要妥善保护并谨慎使用。随着监管机构加大对数据搜集与使用的管理力度,这一点将变得更加重要。

我认为,良好的数据治理意味着以下几点:第一,要有针对性地搜集与企业运营息息相关的数据,而不要为了搜集数据而搜集数据;第二,让人们知道你从他们那里搜集了什么数据,为什么搜集这些数据,以及如何使用这些数据;第三,允许提供信息的人随时退出。

当然,你也要抵御针对数据的网络攻击(第四章将详细探讨网络威胁意识)。

未来技能

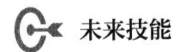

❖ 如何提高数据素养 ❖

埃森哲咨询公司（Accenture）的一项研究突出了有关企业界数据素养的严峻现实：虽然有75%的公司高管认为其管辖的大多数甚至所有员工都能熟练地处理数据，但是只有21%的员工对自己的数据素养与技能有信心。教育界的情况同样不容乐观，许多学生认为他们使用数据的能力有待提高。而一项调查结果显示，47%的学生惧怕数据分析。

显然，这中间仍然存在一些问题。政府、学校、企业和个人都应该注重对数据素养与技能的培养及投资。本书不对政府和学校教育进行探讨，只向个人和雇主提出相关的建议。

给个人的建议

首先，每位员工都应该鼓励雇主培养员工的数据素养（稍后将详细介绍）。与此同时，为了更从容地使用数据，你可以利用公司现有的看板管理软件及商业智能工具，对公司的数据集加以研究。如果你没有访问数据的权限，就去积极申请开通权限吧！

网上有很多关于数据处理的学习资源，从基本数据技能到进阶的机器学习技能，应有尽有。Coursera、Udemy、edX等在线教育平台以及数据素养计划（Data Literacy Project）都是优秀的入门学习资源。另外，网络上还有针对医疗保健等行业定制的数据素养课程。

你还可以学习一些基础的统计学知识。统计学是数据与数据分析的基础。我还建议你学习一些基础的数据可视化知识，这样你就能将从数据中产生的见解传达给其他同事。

除了积极学习相关知识以外，你还应该克服对数据的恐惧和怀疑，坚定培养数据素养的信念。我承认，数据确实令人紧张，但你不能因此而退却。数据素养是每个人都能拥有的重要技能之一，因此要试着面对恐惧，并找到克服它的方法。一些人可能需要强迫自己反复接触数据，直到习以为常。另一些人可能只需要迈出第一步，就能一往无前。不论怎样，当个缩头乌龟都不是明智之举。

给雇主的建议

每个企业所需的数据素养不同，但一般来说，雇主都应该为基本数据素养与技能划定一条基线，并为数据创建一种通用语言。我曾经受托为很多企业制订数据素养计划。以下是我为雇主提出的提高员工数据素养的建议：

第一步，了解当前的数据素养水平。例如，有多少员工经常使用数据来指导决策？管理层是否经常使用数据来判定新提案的可行性？

第二步，识别出公司内部的数据发言者和数据"翻译者"。

你的手下可能已经有一些能够畅谈数据的分析人员了。但与此同时，你也需要一些"翻译者"，即来自不同业务部门的数据行家，他们能填补技术人员和业务单元之间的沟通鸿沟。此外，你还应该留意数据通信存在的不足，即是什么阻碍数据发挥最大的效能。

第三步，向员工宣传拥有数据素养的好处。如果你能向员工解释数据素养对企业成功的重要性，那么让他们接受数据素养培训就将容易得多。数据为很多人所惧怕，因此你也要突出数据对员工个人的好处。

第四步，引用数据素养引领企业走向成功的例子和故事，向员工证明拥有数据素养的好处。你可以援引同一行业或不同行业企业的例子。网上有很多可用的案例。随着时间推移，你的企业内部也将有因为数据素养而取得成功的例子，此时你就可以与他人分享本企业的成功案例了。

第五步，打通数据访问渠道，确保每个员工都能获取、处理、分析、分享数据并用数据指导工作。很多看板管理软件和可视化工具都能助你一臂之力。

第六步，制订数据素养计划，并循序渐进。制订计划的方法并不唯一，而且你需要为不同业务岗位的员工设置不同的学习路径，具体内容可能包含业务工具、专门技能等。你应该从一个业务部门开始试点，从中吸取经验教训，再逐步拓展到其他业务部门。尝试增加培训的趣味性。

第七步，以身作则。你的终极目标是建立一种数据至上的企业文化。领导层应该带头使用数据,例如用数据来支持决策。

第八步,打造持续学习的企业文化。这个领域在不断发展,因此应该打造持续学习、鼓励求知的企业文化。

❖ 本章小结 ❖

让我们快速回顾一下本章的关键点:

- 数据是世界上最有价值的资源,其价值甚至超过了石油。因此,拥有数据技能的员工将备受青睐。
- 数据素养意味着能够理解数据并自信地处理数据。这并不意味着你需要成为一名数据科学家(如果你想在这个领域深耕下去,那么这将为你提供绝佳的职业机会)。你只需要掌握在日常生活中获取数据的能力,并从中挖掘有价值的见解、做出更优的决策即可。
- 数据素养的一个重要方面是懂得质疑数据,并思考数据偏见等潜在缺陷。盲从于数据并不明智。

在第四次工业革命中,拥有数据素养的人将在职场中如鱼得水,而拥有其他技术技能的人也将如虎添翼。诚然,随着人工智能和自动化的发展,机器将分担越来越多的工作任务,但这并不会取代拥有技术技能的工作人员,例如数据科学家等。下一章将详细讨论 21 世纪的重要技术技能。

第三章　技术技能

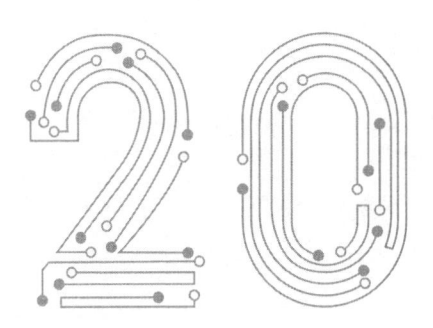

第三章
技术技能

从标题来看，本章似乎要讨论信息技术或者工程类技能，实则并非如此。这里所说的"技术技能"包含许多职场所必需的"硬"技能。随着自动化技术的迅速发展，机器将承担更多工作任务，研习技术技能的人将逐渐减少，因此我们可能会丧失这些重要的技术技能。如果职场人士不再拥有这些技术技能，那么从我们这一代人起，这些技能也许将不复存在。

因此，尽管大家都知道职场环境正发生转变，自动化是大势所趋，但是技术技能仍然有极大的价值。事实上，在工作由机器和人力共同完成的未来职场中，技术技能将比以往任何时候都更有价值。

❖ 技术技能是什么 ❖

前两章曾经提到，职场对编程、人工智能、数据科学等技术技能的需求已然十分旺盛，且未来将更加强劲。然而，"技术技能"这个术语的覆盖范围远远超出了信息技术领域。

概括来讲，技术技能指圆满完成工作所需的实践技能，即

"硬"技能。会计的技术技能是专业会计能力,水管工、护士、卡车司机、律师、教师、理发师、项目经理、木匠等以此类推。这些行业的从业人员需要掌握特定的知识和技能,而这些技能可以通过培训、学校教育、在职教育、经验传承等方式学习。一些看似缺少技术性与专业性的工作也往往需要某些技术技能,例如使用客户数据库或销售系统等。

技术技能的覆盖面非常广,既包括数字化技能和科学技能(例如生物学家及核能工作者需要掌握的技能),也包括实践技能,要求掌握有关特定设备或工具的知识。

❖ 技术技能为什么重要 ❖

技术技能对于圆满完成工作至关重要。试想,如果一名会计缺乏账务处理能力和报税技能,那么即便他的沟通协作等"软"技能再优秀,他也称不上一名成功的会计。

(强调一下,这并不意味着"软"技能不重要。恰恰相反,创造力、沟通、协作、决策等人类独有的"软"技能对于职场人士依旧十分重要。后面的章节将介绍这些必备的"软"技能。)

技术技能的重要性不言而喻,因此职场人士理应熟练掌握工作岗位所需的实践技能。尽管如此,我还是想在本章对技术技能展开深入探讨,因为我们正处于职场转型的关键临界点,技术取得了长足发展,机器取代了大量人力劳动。我认为,职场的快速

第三章
技术技能

转变非但不会削弱技术技能的重要性，事实还恰恰相反。当然，随着技术的发展，这些技能可能会发生轻微的变化。

现实情况是，最热门的工作都对技术技能有一定的要求，无一例外。2021年，最热门的职位包括护士、教师、理疗师、建筑工人、网页开发人员和财务顾问。

坦白地说，对技术技能要求不高的工作终将被逐渐取代，直至彻底消失。这些工作往往由易于实现自动化的重复性任务组成，因此机器比人类更胜一筹。此处以商店收银员为例。我无意贬低收银员这个群体，我也知道许多顾客都看重与收银员的互动。但是，这个岗位的实际工作（即扫描商品条码和收款）完全可以交由机器完成。如今，大中型商场和超市都提供自助结账服务。在英国，很多商场和超市开设的自助结账口比收银员结账口更多，非购物高峰期间更是如此。在美国，亚马逊推出了高度自动化的商店，名为亚马逊Go，直接跳过了传统收银结账的步骤。

从长远来看，收银员这个职业将被彻底取代。只要想想电梯操作员、电影放映员、录像机维修工等已经过时的职业就不难明白，随着技术的发展，那些易于自动化的工作终将消失。展望未来，旅行社工作人员（通过在线旅游网站就能预订行程和酒店）、电话推销员（电话推销机器人令被骚扰者苦不堪言）、出租车司机（美国亚利桑那州凤凰城推出了无人驾驶出租车服务）、赛事裁判员（视频处理裁判系统能实现同样的功能）、记账员（记账软件在更新换代）等职业都可能不复存在。

没有被技术淘汰的职业以及技术创造出来的新职业都将多多少少受到技术的影响。例如,理发师在短期内难以被机器人取代,但理发仍将被新技术改变。所有行业都在不断发展,理发业当然不例外。不久以后,理发店里将安装增强现实镜子。到那时,你可以从镜子中尝试新发型,理发师可以根据你的选择来修剪头发。你还能尝试新鲜的发色,看看哪种颜色最适合你,再进行染发。事实上,一些理发店已经开始应用这种技术了。

技术还将改变其他行业。自动驾驶技术适用于高速公路乃至车站、繁忙市区等区域,能够接管部分甚至全部驾驶工作,从而减轻卡车司机的负担。人工智能扫描仪能够帮助放射科医生解释扫描结果,执行常规的医学影像读取与测量任务,从而使放射科医生有更多时间投身于复杂病例的诊断以及疾病的治疗与管理之中。会计师已经开始利用软件完成大量基础的财务工作,自己则更专注于商业咨询等业务,进而提升公司的发展质量及利润率。水管工和电工需要掌握智能仪表的使用方式及可再生技术的知识原理。农民可以借助辅助耕作工具或自动化耕种工具确定何时播种、何时采摘。数据科学家可以使用人工智能来执行具体分析工作,并将精力集中于更具有战略性的数据工作上。

几乎所有职业都将受益于新技术,但拥有技术知识和技能(例如特定工种所需的专业技能以及第一章提到的数字化技能、第二章提到的数据技能等)的人永远不会失去市场。我们必须把重要技术技能牢牢掌握在自己手里。试想,如果没有人从事医疗放射行业，那么又有谁能推动放射学的发展，精进诊断和治疗技术呢？行业唯有依赖拥有技术技能的人才能发展。也正是基于此，我们才能确定未来的解决方案。这就是技术最有效的利用方式。

❖ 必备的技术技能有哪些 ❖

这个问题的答案并不唯一，因为不同工作所必需的技能大不相同。重要的一点是，在这个瞬息万变的世界，技术技能将变得越来越重要。

在这里，我们要关注的是职场所需的非信息技术专业技能以及与技术一起工作所需的技能，包括第一章的数字化素养与技能、第二章的数据素养与技能、第四章的网络威胁意识与技能，还有所处行业所需的实践技能（砌砖、医学影像分析、驾驶十八轮大卡车等）。

除了上述技能之外，21世纪职场的必备技能还可能包括：

- 客户关系管理；
- 项目管理；
- 社交媒体管理；
- 视频与内容创建；
- 产品开发和产品生命周期管理；
- 技术写作，或用简单的语言解释复杂的内容；

- 机械维修。

显然，这些（非信息技术）技术技能及实践技能并不是普遍适用的，但可能备受雇主的重视。

对于信息技术领域和技术工作者，下列技术技能是尤为重要的：

- 编程语言；
- 人工智能和机器学习；
- 数据科学、数据分析和数据可视化；
- 网络安全；
- 云计算；
- 5G；
- 物联网；
- 软件开发；
- 用户体验设计；
- 扩展现实（增强现实、混合现实、虚拟现实）；
- 机器人科学；
- 量子计算；
- 区块链。

我要再次强调，即便是技术专业人士也不必精通所有技能，毕竟术业有专攻。但是，随着技术的融合和相互影响，通盘了解所有技术趋势将变得非常重要。

❖ 如何精进技术技能 ❖

专业技能和技术技能的变化速度比以往更快，因此想要跟上这个趋势并非易事。我们必须适应这些快速的创新和变化。同时，这种快速变化也为所有人提供了一个好机会。在 21 世纪的职场中，那些拥有并始终保持技术技能的员工无疑会更受雇主的青睐。对于企业来说，培养员工的技术技能是走向成功并在竞争中保持领先地位的秘诀之一。

职业及所处行业不同，培养技术技能的方法也不尽相同。在此，我将向个人和雇主提出一些普遍适用的建议。

给个人的建议

你应该建议雇主加大技术技能的培训力度。当然，你需要主动学习新技能，跟上所在行业的变化。你可能需要做到以下几点：

● 注册在线课程。无论你处在哪个行业，无论你选择怎样的职业道路，Coursera、Udemy 等网站上都有适合你的课程。Udemy 上的内容包罗万象，从电路知识到为公司制作 YouTube 宣传视频，应有尽有。

● 通过读书、听播客等渠道自学，了解新领域，跟上所在行业的最新技术趋势。

● 向同一领域的专业人士学习。你可以接受他们的指导，也可以观察并模仿他们的工作方法。这是获得实践技能和技术技能的好方法。

另外，别忘了把你所掌握的热门技术技能写进简历（对于本书谈论的大部分技能都是如此）。

给雇主的建议

雇主应该为员工提供专门的学习项目和在职培训机会，帮助员工掌握企业发展所需的技术技能。你只需要找到最适合企业与员工的方式，以及企业最需要的技能。下面是有关技术培训的几条建议.

- 设定培训和发展目标。积极与经理和公司员工沟通交流，了解他们的知识盲区，从而打造真正适合企业和员工需求的发展项目。

- 向员工强调接受技术培训会给他们带来的好处（例如，技术培训对当前的工作有什么好处、对他们的未来发展有什么好处等）。

- 鼓励员工合理利用在线学习资源和自学资料，按照自己的节奏进行学习。对于一些人来说，碎片化学习的效率更高。

- 在条件允许的前提下，进行游戏化学习。引入分数、关卡、排行榜等机制，增加学习的趣味性，激励员工学习。

- 考虑引入增强现实和虚拟现实技术，增加技术培训的真实感。例如，英国石油公司应用虚拟现实技术对炼油厂工人进行应急培训。

● 激发员工的学习兴趣，建立主动学习的文化，让员工视学习为机会，而非负担。

❖ 本章小结 ❖

本章探讨了以下几点：

● 尽管我们的工作正在急速变化，数字化也在逐渐渗入职场，但是技术技能仍将是未来的一项重要技能。

● 为了高效完成工作，我们需要学习掌握实践技能以及与技术一起工作的技能。

● 请记住，这是一个技能飞快更新换代的时代，几乎所有行业都是如此（正如之前列举的理发师和农民的例子）。所以你必须做好准备，不断地更新你的技术技能。

在谈论重要的软技能之前，我们还需要探讨一个技术话题：网络威胁意识。下面，让我们共同探索一下企业员工要怎样对个人和公司的网络安全负责。

第四章 数字化威胁意识

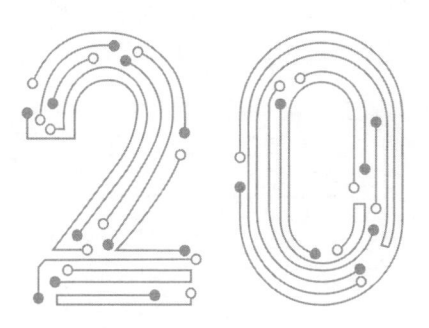

第四章
数字化威胁意识

数字化在全球范围内不断发展，为不法分子创造了更多可乘之机。数字化带来了诸多威胁，影响着人们的生活与工作，个人账户被盗、企业遭受网络攻击等都是摆在我们眼前的例子。此外，数字成瘾等问题也日益严峻。

本章将探讨人们在日常生活中面临的最典型的数字化威胁，还将讨论被网络犯罪分子利用的主要技术。本章内容涉及多种数字化威胁，并分别对每种威胁给出了独立的建议，因此本章结尾处未单独对这些建议加以总结。

❖ 数字化威胁意识是什么？它为什么如此重要 ❖

数字化威胁意识是指能够意识到上网或使用数字设备的危险性，并使用恰当的工具来确保自身（及所处企业）的安全。这种意识至关重要，因为我们的生活与数字化结合得越来越紧密：从登录网上银行、网上购物、网上通信、看网络新闻到使用智能设备追踪健康数据、用手机订外卖、从社交媒体上获取孩子学校发布的最新信息，不一而足。我们的数字足迹正不断扩大。

数字足迹遍布私人生活和工作，更存在于二者之间不断扩大的灰色区域（例如把个人设备带到工作场所并连接到公司网络，或从家里登录公司系统等）。居家办公的人越来越多，工作与个人生活之间的界限也会越来越模糊。这意味着我们应该始终对数字化威胁保持警惕。

❖ 日常生活中最严峻的数字化威胁 ❖

数字化已经遍及日常生活的方方面面。我们都应该认识到数字化的普及所带来的危险。家长尤其要提高警惕，不仅要让孩子了解这些危险，也要注意异常事件的预警信号。

我认为，在 21 世纪，人们的日常生活所面临的最严峻的数字化威胁有以下几种：

数字成瘾

数字成瘾的范围很广，包括社交媒体成瘾、互联网成瘾、手机成瘾、游戏成瘾等。

关于数字成瘾的统计数据可谓触目惊心，社交媒体成瘾尤甚。全世界约有 2.1 亿人对社交媒体成瘾。这倒也不足为奇，毕竟脸书、照片墙（Instagram）等社交媒体本就秉持着让人上瘾的设计理念，而这些科技巨头的前雇员们也承认了这一点。用户花

第四章
数字化威胁意识

在浏览和点击上的时间越长，脸书等公司的广告收入就越多，因此这些软件的设计初衷就是最大限度地延长用户的使用时间。事实上，它们确实做到了这一点：美国青少年的日均社交媒体使用时长高达 9 个小时；成年人也没好到哪里去，半数成年人称他们曾经在开车时使用社交媒体。

除了社交媒体成瘾之外，手机成瘾也不容小觑。如今，美国人平均每天看手机 262 次（即每 5.5 分钟一次），80% 的人在醒来 10 分钟以内就会拿起手机。因此，75.4% 的人自认为对手机成瘾，43% 的人称手机是最重要的私人物品这两个调查结果也并不令我感到惊讶。诚然，我们花在手机上的大多数时间都是在浏览社交媒体，但毫无疑问，手机本身已经变成了一种消遣娱乐、分散注意力的东西。全球首屈一指的成瘾症状治疗者安娜·莱姆克博士（Dr. Anna Lembke）将智能手机称为"现代的（多巴胺）皮下注射针"。如她所说，现在的人们很难离开电子设备，都喜欢从手机那里获得即时的多巴胺。她说："人们正逐渐丧失延迟满足、解决问题、应对各种挫折和痛苦的能力。"

那么，怎样鉴别数字成瘾呢？抑郁症是一个关键指标，尤其适用于鉴别社交媒体成瘾。例如，如果青少年每天使用智能手机超过 5 个小时，那么他们出现抑郁症的概率会翻一番。

好在有很多实用方法可以帮助你控制使用手机的时间：你可以为应用程序设定使用时长限制；晚上睡觉前，可以将手机设置成"睡眠"模式，这样在睡觉时就不会被手机推送打扰了，当然你也可以直接关掉应用程序的推送；如果你对自己的要求比较严格，那么你可以删除容易分散注意力的应用程序（如果你实在想看某个人发布的照片，用电脑看也未尝不可）。

你还要帮助孩子养成健康的数字习惯。例如，我家有"一个屏幕"原则，即不能有两个以上屏幕同时亮着，所以在家庭电影之夜，我和妻子都不会玩儿手机。我们还会教育孩子，不必执着于每天登录应用程序。有些游戏会设置"连续登录"机制，鼓励玩家每天登录，以获得额外的积分或奖励。我十岁的儿子会因此而强迫自己每天登录软件，而这样做并没有什么好处。所以，我们会向他解释，他不必天天如此。

网络隐私、数字设备、数据保护

个人数据是一种具有价值的商品。当你使用某些公司的应用程序或接受它们的服务时，你就已经有可能在不知情的情况下为这家公司赚钱了。

一般来说，免费的应用程序经常会搜集用户的数据并以此牟利。也就是说，如果你使用的某款软件不收费，那么你（确切来讲应该是你的数据）就是货真价实的商品。事实上，搜集用户数据并出售给第三方的应用程序及服务比比皆是，社交媒体平台更是猖獗放肆。这倒是在情理之中。意料之外的是，在这件事上，DoorDash、Deliveroo、Caviar、Uber Eats 等外卖软件并不比社交媒

第四章
数字化威胁意识

体平台好多少。

那么,个人数据包括什么呢?名字和所在地当然是重要的个人数据。不同的应用程序会收集不同的个人数据,例如电子邮箱、健康状况与身体指标、财务信息、浏览器历史记录、购物记录,甚至还有联系人。有些应用程序收集用户信息只为自用,但多达52%的应用程序会向其他公司出售用户的个人数据。这些公司在购买数据后,会建立翔实的用户档案,并推断出用户最有可能购买的商品。例如,苹果公司会在人们睡觉时,利用人气较高的软件收集用户的位置、电子邮件、电话号码、IP地址等数据,并向第三方发送这些信息。该公司也因此而饱受诟病。

用户数据可以直接为企业创造利益。此处以Cosmose AI公司为例。Cosmose AI公司从超过40万个应用程序处购买用户数据,还收集10亿余部智能手机的数据,并为沃尔玛等世界巨头提供消费者行为分析,而这些世界巨头又会利用分析结果向消费者销售更多产品。Cosmose AI提供的用户数据是匿名的,这对于用户来讲是有利的。但这个例子仍旧体现了用户数据的价值(Cosmose AI的市值已超过1亿美元)以及我们对被收集的数据量知之甚少。

如今,我们的房子里充斥着智能设备,例如智能门铃、智能音箱等。这些设备都在收集我们的数据,还可能与外界共享这些数据。这些数据极为详尽,你在家里的所作所为都可能被记录下来。

诚然,收集个人数据能够改进相关产品和服务(Alexa音箱的语音记录能够帮助排查故障以及丰富它的词汇量)。但是,我们仍然需要记住,个人数据的价值很高,因此不要不经思考就随意向第三方提供个人数据。我的做法是,在注册新应用程序或购买新智能设备之前,仔细查看隐私条款,关注它们会收集什么数据以及与谁共享,并衡量自己能否接受。我也用同样的方法来审视我的孩子们想用的应用程序(在苹果公司应用商店上架的软件都附有隐私标签,能一目了然地显示出软件将收集哪些信息)。使用浏览器时,我也会这样做,而且我建议尽量将浏览模式设为"私人"或"隐身",这会阻止第三方追踪你的浏览记录。然而,这并不能阻止网络服务提供商追踪你的活动(如果你使用公司设备上网,那么你的雇主也能追踪你的活动)。

当然,你也可以更改智能家居设备的设置,关闭长期监听功能,或者删除设备存储的录音(例如,你可以要求 Alexa 删除昨天的录音)。

密码盗窃

有太多人用"12345"等简单的字符串当作密码,也有太多人为所有账户设置相同的密码,全然无视软件的明确警告。如果你也是这样做的,那么请尽早改掉这个不良习惯。一定要重视密码安全。

近年来,数据泄露事件频发,暗网上有超过 150 亿个账户的用户名及密码供销售。这个数字可谓触目惊心。如果犯罪分子掌

第四章
数字化威胁意识

握了这些信息，那么他们就能非法登录他人的社交媒体账号、金融账户和企业信息系统的管理员账户。另外，一旦黑客掌握了用户的部分账户资料，他们就能使用同样的用户名和密码轻而易举地登录用户的其他账户（这种现象被称为"账密填充"）。因此，不要使用同样的账户名和密码注册不同的账号。黑客还会使用网络钓鱼技术来窃取用户的登录信息（本章稍后会详细讨论网络钓鱼技术）。还有一种"暴力破解"技术，利用人工智能技术穷举数十亿潜在的字符组合，来尝试取得正确的密码。黑客也会使用"密码喷洒"技术，让系统尝试使用 12345 等常见密码登录，进而破解用户账号密码。

人工智能技术可实现密码破译的完全自动化。黑客孤零零地在暗室里破译密码的场景已然是过去时了，如今只靠几台机器就能毫不费力地破解密码。

针对这种情况，我们应该怎么做呢？最基本的防范方法是创建 8 个字符以上（12 个字符以上更佳）的强密码，必须包括大小写字母、特殊字符和数字，并为每个账户设置不同的密码。同时，不要使用能够轻易从你的社交媒体档案内容中推测出来的密码（不要在脸书等社交媒体平台发布太多个人信息，并且将个人资料浏览权限设置为仅朋友可见）。

你还可以使用随机密码生成器来创建难以被暴力破解的密码（Chrome 浏览器就能自动生成强密码）。我还建议使用密码管理器来安全地存储密码，谷歌公司的密码管理器就是一个很好的工具。此外，你还可以开启双重认证，这样犯罪分子即使得到了你的密码，也无法正常访问你的账户。

网络霸凌

网络霸凌恐怕是如今最普遍的霸凌形式。英国的反霸凌慈善组织"英国霸凌组织"（Bullying UK）的调查显示，有56%的青年人曾经目睹网络霸凌，有42%的青年人认为网络环境并不安全。作为三个孩子的父亲，一想到网络霸凌现象无时无刻都可能发生且后果可能十分严重，我便会忧心忡忡。因此，我们都要正确认识网络霸凌，让孩子们认识网络霸凌，并在发生网络霸凌现象时采取适当的行动。

网络霸凌以何种形式存在呢？网络霸凌是指在网络上发生的、通过智能手机或平板电脑进行的任何形式的霸凌行为。网络霸凌的媒介有很多种，包括短信、Snapchat、WhatsApp等通信工具以及游戏网站、社交媒体平台、聊天室、留言板等。网络霸凌的形式不一，包括骚扰（例如发送带有攻击性的信息或在社交媒体上发表恶意评论）、发布污蔑他人的照片或信息、威胁他人、散播谣言和八卦、网络跟踪、蓄意阻拦他人参与网络活动甚至在网上冒充某人等。

父母应该留意孩子们是否存在遭受网络霸凌的迹象，例如使用手机后情绪明显低落、存在抑郁倾向、不再参加之前热衷的活

第四章
数字化威胁意识

动、不与家人和朋友接触、学习成绩下降等。

除了禁网（大多数成年人和孩子都做不到这一点）之外，我们还能做些什么来对抗网络霸凌呢？首先，要明确你的权利，尤其是要了解你所在国家及地区是否将网络霸凌列为刑事犯罪的范畴。例如，在英国，在互联网和电话系统上引起恐慌是违法的，具体事项甚至可以追溯到1997年出台的骚扰法案。受到伤害或可能受到伤害时，应该留存屏幕截图作为证据，并告知警方（一定要妥善保存遭受网络霸凌的证据，以备不时之需）。

如果你的孩子遭受到网络霸凌，那么你必须告知校方。根据一些地区的法律规定，学校必须对此采取行动。例如，美国各州都出台了相关法律，要求学校出面治理霸凌行为，许多州还将网络霸凌纳入了法律监管范围。

至于通过社交媒体和留言板实施的霸凌行为，你（或你的孩子）可以屏蔽恶意用户，并向相关平台报告。如果你不想做得这么明显，那么脸书和照片墙都有"限制"功能，可以在对方不知情的情况下屏蔽特定用户（霸凌者仍然可以评论，也能看到他人的评论，但你和其他用户看不到霸凌者的评论）。这两个平台还能自动隐藏攻击性评论和垃圾信息。

想要人工删除攻击性评论或不恰当评论，你可以向平台方报告，还可以寻求反霸凌组织的帮助。"删除有害言论"（Remove Harmful Content）网络组织就是一个不错的求助对象。

最后，要确保社交媒体资料的私密性和安全性（即使用安全性高的密码），不要上传过多个人信息和图片，这些都能帮助你抵御各种形式的网络霸凌。

数字身份冒充

我们上传到网络的生活片段（图片、视频和录音）越来越多，数字身份被盗用的情况也越来越严峻。其中，社交媒体冒充应该引起高度关注。骗子会使用他人（甚至某个组织）的名字、头像和其他识别特征来创建虚假账户。事实上，我也有过这种经历，别人盗用我的照片和名字创建了以假乱真的脸书账户。即便你没有过相同的经历，你也可能与这些假冒账户产生过互动。

为什么有人会以别人的名义创建账户呢？有些人是为了寻仇或跟踪，有些人为了利用这些账户窃取他人的财产或个人数据（模仿流行品牌或公众人物通常出于此种目的）。

社交媒体身份冒充也是网络钓鱼的惯用手段之一。不法分子会使用假身份与他人建立联系，并利用网络钓鱼技术来报复或骚扰他人，或者仅利用假身份来掩饰自卑甚至其他心理问题。无论出于什么动机，网络钓鱼都会对受害者产生负面影响。如果受害者认真对待这段关系，那么他只会受伤更深。

鉴别网络上的假冒账户可能不太容易，但在这个日益数字化的时代，我们必须对此提高警惕。大多数假冒账户的创建时间都不长，账号的好友和上传的照片也不多。为了避免成为假冒账户

第四章
数字化威胁意识

的伪造目标，你可以调整隐私设置，将浏览权限设置为不公开，这样只有你的好友才能看到你发布的内容。接受新好友请求和粉丝请求以及关注新账号时，都应该保持警惕，不要草率地公开个人信息和照片，也不要给网友转账。

如果担心身份被别人盗用，那么你可以定期搜索自己的名字和照片（很多搜索平台推出了以图搜图功能，上传图片即可查询图片出处）。此外，还要斟酌在社交媒体上公开发布的信息，包括个人信息和照片等，因为这些信息可能被盗用。不法分子还可能利用这些信息破解你的账号和密码，并在你毫不知情的情况下更改密码。所以，在参加随处可见的在线测验，在上传到网络的内容中提及家人的姓氏、宠物的名字、高中吉祥物的名字、遇到人生伴侣的地方之前，请三思而后行，因为这些信息可能暴露更改账户密码时需要回答的安全问题的答案。

❖ 认识几种主要网络威胁 ❖

下面，我将介绍几种常被网络犯罪分子用于窥探个人或企业系统信息、获取密码等敏感信息的技术。

数据泄露

数据泄露，即恶意窃取数据，对企业而言非常棘手，对将私人数据公开给信任企业的个人而言更是如此。暗网上供出售的数十亿个账号密码反映了数据泄露的严重程度以及网络钓鱼事件和恶意软件的猖獗程度。

网络钓鱼

骗子会发送恶意信息（通常是通过电子邮件，有时也通过短信等形式）来攻击受害者。这些信息会怂恿受害者立即修改密码或采取某些行动。电子邮件中可能附带一个链接，链接通常指向一个以假乱真的网站，目的是窃取点击者的用户名、密码和财务信息。有的电子邮件可能附有恶意附件或链接，目的是种植恶意软件，入侵目标用户的系统。网络钓鱼如今十分常见，而且做法隐蔽，导致诈骗邮件的鉴别难度极高，所以你需要小心谨慎地点击链接、下载附件（稍后将就此点展开详细讨论）。

恶意软件

恶意软件有很多种，其中以木马最为普遍。恶意软件本质上是植入目标用户计算机或网络中的一串恶意代码，目的是执行特定的活动，例如收集系统中的敏感信息，用计算机病毒感染系统等。恶意软件的入侵方式非常隐蔽，当用户点击软件更新，或者点击某个看似正常的链接或广告时，恶意软件都可能入侵目标系统。

第四章
数字化威胁意识

勒索软件

勒索软件是一种破坏性极高的恶意软件。勒索软件植入后,目标用户的计算机文件会被加密,不能正常访问。被勒索者必须向勒索人支付赎金,才能重新进入自己的计算机系统。对于不法分子而言,这是一桩非常划算的买卖。网络安全公司 Coveware 表示,2020 年,平均每桩网络勒索事件的赎金高达 23.4 万美元。勒索软件的底层逻辑是一种叫作数据渗漏的技术,这种技术能够复制并加密目标计算机中的数据。不法分子通常会威胁受害者,如果不支付赎金,就将受害者的私人数据公之于众(有时,即便受害者支付了赎金,不法分子还是会这样做)。

物联网攻击

如今,家里和公司的智能物联网设备越来越多。这些设备的安全性存疑,而且其支撑软件往往是过时的,因此黑客完全可以利用这些设备来搞破坏。不仅如此,黑客还能同时利用成百上千个物联网设备制造出虚假流量(即分布式拒绝服务攻击,或 DDoS 攻击)来攻击目标系统或网站,使其因为超载而崩溃中断。不过,物联网攻击的目的并不是窃取数据。

未来技能

❖ 抵御网络威胁 ❖

给个人的建议

● 要谨慎对待电子邮件,尤其要警惕来源不明或者来自陌生发件人的邮件(收到邮件时,不能只检查邮件中显示的发件人名称,因为名称很容易伪造。要检查发件人的邮箱地址)。如果邮件里要求你重置账户或更改密码,那么请保持警觉。钓鱼邮件利用了我们的恐慌情绪。我们一旦不假思索地点开钓鱼邮件里面的链接并在里面填写敏感的个人信息,那就落入了钓鱼邮件的陷阱。因此,在不能确定请求真实性的前提下,要通过正规渠道(而不是邮件中提供的联系方式或链接)直接联系对方企业(例如签约银行等)或个人。

● 不要点开来源存疑的附件或链接。我从不点击电子邮件中的链接,甚至也不会点击来自我所信任公司的真实电子邮件中的链接。我只在浏览器和应用程序中登录我的账户。

● 不要点击弹出的窗口,因为这种窗口一般都与恶意软件有关。你还可以安装一个弹窗和广告拦截软件。

● 不要在没有安全证书的网站上输入敏感信息或下载文件。安全的网址要么以"https"开头,要么在浏览器状态栏中会出现一个锁上的挂锁。

● 确保所有设备的支持软件都已经升级到了最新版本。不要

第四章
数字化威胁意识

忽略智能家居设备的支持软件（你还应该为智能家居设备分别设置独立的密码，不要使用默认密码）。

- 遵循本章提出的建议，确保密码安全。
- 不要从可疑的来源下载应用程序。
- 安装防火墙和防病毒软件。
- 定期备份数据。
- 尽量避免使用公共无线网络。必要时，使用安全的虚拟专用网络（VPN），以便确保网络连接的私有性。

给雇主的建议

以上为个人提出的建议同样适用于企业。但是，要在企业层面落实这些措施，就必须先建立注重网络安全的企业文化。你需要开展员工培训，教会他们识别威胁以及应对可疑情况的方法。

除此之外，你还应该做到以下几点：

- 向网络安全工具包中添加威胁检测工具。
- 定期测试系统，确保系统已经升级到最新版本并受到严格保护。
- 制订应急方案，确定在发现安全漏洞时的应对措施，包括技术响应（如何防御攻击，保护系统）、人员响应（需要向谁报告）、事后调查（从事故中吸取经验教训，杜绝类似事故再次发生）等内容。

与其将这份应急方案做得尽善尽美，不如采取更多措施来保护你的公司，并提高员工的网络安全意识。

❖ 本章小结 ❖

本章的重要内容有：

● 在日常生活中，我们需要防范几大数字威胁，包括数字成瘾、网络隐私、密码盗窃、网络霸凌、数字身份冒充等。

● 特定群体和企业除了防范上述数字威胁之外，还需要着重防范数据泄露、网络钓鱼、恶意软件、勒索软件、物联网攻击等。

● 个人和企业可以采取措施进行自我保护，例如提高密码的安全性，使用防病毒软件和防火墙工具等。

● 每个人都应该学着与技术保持一种健康的关系，并教会孩子们如何在不被技术支配的前提下最大化地利用技术的价值。

我认为，在数字化世界中保证安全需要批判性思维。质疑在网络上看到的东西并自问"这是真的吗？"以及"来源可信吗？"将帮助我们远离技术的阴暗面。接下来，让我们更深入地探索基本的批判性思维能力。

第五章　批判性思维

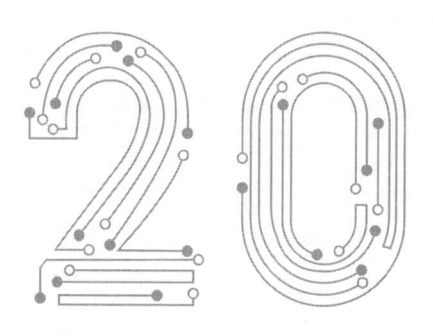

第五章
批判性思维

前面的章节讨论了硬技能，下面让我们讨论一下与人的个性品质相关的软技能。只要肯学习、肯锻炼，软技能也是可以提升的。随着自动化进程的深入，越来越多实际工作交由机器完成，某些软技能在职场中的价值逐渐提升，因此我们必须提升自身的软技能。

我认为，批判性思维是在未来取得成功所必需的最重要的软技能之一。这是一个假新闻无处不在、社交媒体泡沫卷土重来的时代，各种信息充斥着人们的日常生活。在这种大环境里，寻根究底、评估消息来源的可信度、清晰地思考变成了难能可贵的能力。人们经常把批判性思维与主观上的批判和否定混为一谈，这是不正确的。批判性思维强调的是保持思维的客观性，要求开放思想、活跃思维，这也是备受雇主青睐的品质。

批判性思维不仅对事业成功（或学业有成）很重要。缺乏批判性思维的人极易被他人操纵、欺诈，或者被假新闻误导。批判性思维不仅能提高成绩、修饰简历，更是一项重要的生活技能。

❖ 批判性思维究竟是什么 ❖

每个人都会思考，每个人都必须思考（如果你曾经尝试过冥想，你就会知道"清空"大脑有多难）。但是，人与人的日常思维及批判性思维有很大区别。并非所有思维都是高质量的思维，因为日常的思维通常不经过周全的思考，会受到残缺信息、个人观点、假设臆断、偏见甚至歧视的影响。因此，批判性思维是非常重要的。

批判性思维的本质是客观思考，要求我们基于证据（而不是个人观点、偏见等）来分析问题或情况，以便透彻地理解真实发生的事情，进而做出更优的决定并解决问题。用《星际迷航》举例，老骨头（Bones）经常迸发出激情四射的想法，而斯波克先生（Mister Spock）总是冷静地运用理性和逻辑思维分析状况，这就是批判性思维。

批判性地思考需要遵循以下步骤：

- 观察情况、识别问题。
- 收集信息、分析来源。具有批判性思维的人会问自己，他们是否看到了完整的画面，得到的信息是否全面。
- 识别可能影响他人主张和论断的偏见（同时也要认识到自己的偏见）。
- 发现相互矛盾的证据和错误的证据。
- 不要浮于表面，要多提问题。随着年岁渐长，我们不再像童年时期那样老是问"为什么",但想要批判性地思考问题,就要重新开始问自己这些开放式的问题。

- 辨别相关且重要的论据和信息。
- 根据现有信息得出(或推断出)结论。
- 考虑不同选择和解决方案的可能结果。
- 在上述步骤的基础上,解决问题,平息争议,决定下一步计划。

我认为,批判性思维是一种主动的、独立的思维,而不是被动地接纳信息,也不是只浮于表面而不进行深入了解。重要的是,这是一项可以通过自身努力培养并提升的技能,这意味着我们都能成为更优秀的批判性思考者。为了更好地应对当今职场和整个大环境带来的挑战,我们都应该积极提升批判性思维能力。

❖ 当前的问题:为什么每个人都需要具备批判性思维 ❖

当前,社会上有一些令人不安的趋势。这些趋势阻碍人们运用批判性思维,但同时也凸显了批判性思维的重要性。在本章的结尾处,我们将讨论克服外界干扰,提高批判性思维能力的方法。在那之前,让我们先来讨论一下这些外部趋势。

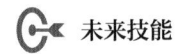

认知偏见

偏见并不是一种趋势。人类永远摆脱不了偏见（是的，每个人都有偏见）。然而，两极化、社交媒体泡沫等趋势会蒙蔽人们的双眼，让人们更容易产生偏见。因此，我们要深入探讨偏见，明确偏见是如何影响人类思想的。

无论我们自诩多有理性、多具有逻辑性，我们都无法完全摒弃认知偏见对个体信念、想法和决定的影响。事实上，许多人都亲历过认知偏见。某些认知偏见是显而易见的，例如性别偏见和刻板印象等。其他类型的偏见则非常微妙，难以辨别。例如：

- 文化偏见，即我们会认为其他文化更"不正常"。
- 确认偏见，即我们更容易关注那些能够佐证既有想法的信息，也更容易忽略或无视那些可能与既有想法相左的信息。
- 锚定偏见，即我们容易受到最先接收到的信息的过度影响。
- 后视偏见，即我们认为已经发生了的事件（甚至是随机事件）更容易在事前预测到（通常称"早就知道"现象）。我们可能会高估自己预测未来事件的能力，并因此承担风险。
- 选择偏见，即在得知某些事情后，我们就会更注意这类事情。例如，买新车之后，我们会发现大街上随处可见同品牌、同型号的汽车。
- 光环效应，即良好的第一印象会影响我们对某人的整体看法（例如，认为有魅力的人会更聪明、更有能力）。这种偏见对招聘等领域的影响巨大。

● 尖角效应，与光环效应相对，即负面印象会影响我们对某人的整体看法。

以上列举了几种对日常思维和决策影响较大的偏见。事实上，偏见的种类远不止于此。除了这些认知偏见之外，用于指导决策的数据也经常存在偏见（见第二章）。也就是说，数据可能偏向于特定群体，而排斥或不能充分代表其他群体。这意味着我们需要努力发现自身思维和外界信息存在的偏见。

两极化程度加剧

不同文化之间的差距越来越小（英国青少年沉溺于韩国流行音乐，美国人开始庆祝圣帕特里克节❶），世界也变得越来越小了。然而，世界似乎也变得越来越割裂了。人们被划分成完全对立的阵营，很少或根本不会认同对方，这就是两极化趋势。只要想想英国脱欧辩论以及美国民主党和共和党选民间不可逾越的鸿沟，就不难理解两极化了。

一项 2018 年的调查完美诠释了美国两极化的现状。调查要求被访者估计民主党人士中黑人、无神论者或不可知论者、同性恋和双性恋的比例，以及共和党人士中福音派教徒、65 岁以上人

---

❶ 即爱尔兰的国庆节。——译者注

士、年收入超过 25 万美元人士的比例。民主党人认为 44% 的共和党人年收入超过 25 万美元（真实数据是 2%），而共和党人认为 38% 的民主党人是同性恋或双性恋（真实数据是 6% 左右）。换句话说，人们对"另一个"党派的误解很深。人们获取的政治信息越多，对对方党派的误解就越深。

怎么会是这样呢？从根本上来说，我们获取信息的方式已经改变了。如今，互联网提供了无数信息，但这却扩大了社会各个阶层的差距，尤其是不同政治阶层之间的差距（当然，政治两极化并不是两极化的唯一形式）。埃兹拉·克莱因（Ezra Klein）在《我们为何两极分化》(*Why We're Polarized*) 一书中写道，"热爱者从更多选项中学到更多，而无兴趣之人只会得到更少。"

你可能认为，加大信息量（包括来自"对立方"的信息）能够缓和两极化的局面，但事实上并非如此。一项调查研究要求隶属于民主党和共和党的推特（Twitter）用户分别关注自动发布另一方权威数据和信息推文的机器人。该项调查为期一个月，其间，调查者会定期询问参与者的想法。该项调查结果显示，接触到有关对立方的信息后，被调查者的两极化程度有所加重。一个月后，共和党用户的观点比以前更加保守，而民主党用户则更自由了。

针对这个现象，我们能做些什么呢？首先，一定要认识到，两极化现象是非常普遍的，可以发生在每个人身上。政治两极化并非两极化的唯一形式。如果你曾经点击过诸如"22 个'90 后'才有的特征"或"只有肠易激综合征患者才知道的 33 件事"等新闻标题,你就能体验到作为某个"群体"的一员的快乐。因此,各个阶层的人都必须拥有批判性思维能力。批判性的思考能够帮助我们发觉那些试图搞群体对立的群体,质疑自己做出的假设,并且将逻辑应用到日常信息的处理过程中。

社交媒体过滤气泡

两极化程度加剧的原因之一是,很多人从社交媒体上获取信息。这个现象在年轻人中尤为严重,半数以上青少年称他们从照片墙、脸书和推特等渠道获取新闻。

社交媒体的问题在于,为了尽可能延长用户的使用时间,各大社交媒体平台会基于个人兴趣和信仰,为用户提供有针对性的内容。举例来说,如果你在脸书点赞、转发了有关反对疫苗的内容,那么脸书就会向你呈现更多同一主题的内容。这种逻辑的危害在于,我们可能会认为世界与我们在网上看到的完全一样,与我们的信仰相悖的东西是不存在的。作为这个部分的延伸拓展,我强烈推荐网飞公司(Netflix)出品的纪录片《智能陷阱》(*The Social Dilemma*),它极其清晰地展示了社交媒体应用程序吸引用户注意力的原理。

这种由底层算法根据用户行为进行信息隔离的现象被称为"社交媒体过滤气泡"。经过算法处理后,我们不喜欢或不赞成的新闻会被自动过滤掉,这可能会造成回音室效应,即当我们只接触到与自身想法相似的观点时，我们对现实的感知可能会变得扭曲。

批判性思维有助于帮助我们逃离社交媒体过滤气泡和回音室效应。具有批判性思维的人能够时不时地停下来问问自己：我看到的到底是真实的世界，还是与我的信仰相符的那一小块天地？

虚假新闻

社交媒体上的新闻可能并不真实！虚假信息在互联网上的传播速度之快往往令人咋舌。三分之二的美国成年人称他们在社交媒体上看到过虚假信息。你可能与我一样，认为这个比例太低了，但你还需要知道另一个统计数据：56%的脸书用户无法鉴别与自身信仰相符的假新闻。

新冠疫情期间，虚假消息尤其猖獗，世界卫生组织甚至专门创造了"信息疫情"（infodemic）一词，用来描述具有误导性或捏造的新闻迅速传播的现象。例如，美国全国公共广播电台和益普索（Ipsos）于2020年开展的民意调查结果显示，40%的美国人认为新冠疫情源于一个实验室，尽管这种言论没有任何证据支持。

诚然，某些网络虚假信息并不是故意欺骗人们，但我们不能忽视恶意的虚假信息产生的负面影响。发布这类虚假信息的目的就在于制造混乱（请注意虚假信息和恶意虚假信息的区别。二者都是不真实、不准确的、具有误导性的信息，但区别在于其背后的意图。虚假信息是指虚假的或与现实相悖的信息，而恶意虚假信息是出于恶意的、意图欺骗他人的虚假信息。举一个例子，你的亲戚在脸书上分享了一篇她认为属实的文章，但你发现这篇文章并不真实，这就是虚假信息；某个政党或国家故意用虚假的、不完整的或者过时的信息来欺骗或误导人们，这就是恶意虚假信息）。

新冠疫情期间，特朗普一再宣传未经证实的医疗方法，与科学家唱反调，甚至转发了钻石与丝绸两姐妹（Diamond and Silk）的阴谋论推特。这两姐妹共同创办的推特账户因为传播有关疫情的虚假信息而遭到封禁。特朗普的推特被永久封禁，但他并没有就此收手。我动笔写本章内容时，特朗普正忙着推出自己的社交媒体应用程序"真相社交"（TRUTH Social）。他的计划是提供一个集娱乐、新闻和播客于一体的视频点播服务软件。从社交媒体到内容创作这一系列计划可能加剧两极化的趋势，使回音室问题更加严重，让人们难以相信还存在着其他观点。这是我们需要批判性思维的另一个原因。

深度伪造技术的出现与发展

深度伪造（deepfake）是指利用人工智能和深度学习技术来创建极其逼真的虚假图像、视频或音频。如果你想体验一下深度伪造技术，那么你可以在YouTube上搜索"阿尔·帕西诺仿造影像，比尔·哈德制作"（Spot on Al Pacino impression by Bill Hader）。在这个视频中，一名喜剧演员的脸被替换成了年轻时期的阿尔·帕西诺，声音也模仿了阿尔·帕西诺。你还可以在抖音国际版（TikTok）上搜索用户 deeptomcruise，该用户上传的视频均为利用深度伪造技术仿造的汤姆·克鲁斯（Tom Cruise）的影像，从变魔术到洗手等日常活动，内容十分丰富。

　　深度伪造技术常被用于色情内容（例如将女性名人的脸映射到色情明星的身体上），有时也用于抹黑公众人物，甚至干扰选举。脸书禁止用户在 2020 年美国大选前发布误导观众、扰乱选举秩序的深度伪造视频（这些视频通常想让观众相信政客们说了他们本没有说过的话）。深度伪造技术还被用于骗钱。一家德国能源公司的英国子公司的老板应总公司上级领导的要求，同意向一个在匈牙利银行开设的账户转账 20 万英镑，而后该子公司的保险公司怀疑上级领导的语音指令是利用深度伪造技术合成的。

　　深度伪造技术的本质并不坏。还记得第一章提到的数字替身吗？它的底层逻辑就是深度伪造技术。未来，我们在元宇宙中畅游的时间将越来越长（如第一章所述）。到那时，借助超现实的数字替身，你就可以和朋友们进行更沉浸式的交互。你的数字替身可以穿着智能服饰，坐在舒适的沙发上，在元宇宙中开会，而现实中的你却可以在休息室穿着舒服的睡衣参加会议。然而，人们过于自信地操控自己的数字替身，可能造成灾难性的结果。

　　我认为，深度伪造技术带来了一个比较棘手的问题，即该技术将削弱我们对亲眼所见的事物的信任感,而这当然会被某些人利用。在一条臭名昭著的音频中,特朗普"炫耀"他曾经猥亵过女性。尽管他曾经在 2016 年公开表示"话是我说的,我错了,我道歉",但据传闻,他也暗示过这条音频并不真实。换句话说,随着深度伪造技术的发展,政治领袖很可能以此为由,矢口否认真实发生过的,被人们看到过、听到过的事情!

总而言之,辨别真假的难度将逐渐增加,这意味着我们需要以更具有批判性的思维来对待外界信息。

❖ 如何提高批判性思维能力 ❖

在当今世界,缺乏批判性思维能力的个人和企业都处于劣势。下面,我将简要介绍一些能够提高批判性思维能力的实用方法。

给个人的建议

从本质上讲,批判性思维意味着要质疑信息的真实性。

从实践角度来讲,你应该做到以下几点:

● 以审慎的眼光对待新信息。无论是看到别人在网上分享的文章,还是遇到与工作相关的数据,一定要仔细审视。试着问问自己,"信息是否完整?""有什么证据能证明这个观点?""还缺少些什么?"

- 考虑信息来源。来源值得信赖吗？他们为什么提供这些信息？是为了推销产品，还是想让你采取某种行动？

- 收集其他信息。当你发现信息或数据不完整时，自己动手收集信息。

- 提出开放式问题。批判性思维者都是充满好奇心的人，所以你要鼓励自己多问"谁""什么"和"为什么"。

- 寻找可靠的信息来源。我一般会查询经过认证的新闻网站、非营利组织（个人推荐 fullfact.org 和 factcheck.org）以及教育机构开办的网站。不要去不知名的网站或者别有用心、想要销售商品的网站寻找信息（记住，当你用谷歌搜索某个关键词时，最先显示的结果都是由付费的企业或网站提供的广告。这些内容并不权威）。另外，要留意信息的发布时间。

- 尽量不要从社交媒体上获取新闻。如果你在社交媒体上看到了一些感兴趣的东西，那么在点击分享之前，先核实一下消息的准确性（是否来自上文中提到的可靠信息来源）。

- 学会鉴别假新闻。鉴别虚假或具有误导性的内容并不简单，但有一个比较实用的技巧，就是观察新闻所用的语言、情感和语气。例如，你要问问自己，这篇新闻使用的语言是否充满感情？另外，也要查看事实、数字、图像和引用内容的来源。正规的新闻报道会清晰地表明消息的来源。

- 学会识别偏见、质疑偏见。带有偏见的信息可能会激发你的情绪而不是逻辑，其呈现的观点也可能十分有限。所以你要问问自己,"这个话题展开得是否全面?"此外,不要忘了你自己也会有偏见。客观地评价你的好恶和信仰,明确这些因素对思维的影响。

● 形成自己的观点。批判性思维意味着独立思考。要在评估所有信息的基础上,得出自己的结论。

你可以寻求同事的帮助,来提升这些技能。当你出现异常情绪或提出错误假设时,别人可以及时制止你。此外,可以利用Udemy、Coursera等在线学习平台学习与批判性思维相关的课程,以及有关认知偏见等特定主题的课程。

给雇主的建议

我强烈建议在员工的软技能培训计划中添加关键技能培训,并将批判性思维(特别是数据素养)纳入技术培训计划中。

❖ 本章小结 ❖

本章的重要内容有:

● 批判性思维指客观、独立思考的能力。在日复一日的信息轰炸中,我们要保持好奇心、寻根究底,不能浮于表面。

● 某些挑战和趋势会削弱批判性思维能力,同时也将凸显批判性思维的重要性。偏见、两极化、社交媒体过滤气泡、虚假新闻和深度伪造技术都是批判性思维的拦路虎。

● 每个人都可以锻炼批判性思维能力。基本方法是，评估已有信息，寻找信息漏洞，从可靠来源获取额外信息，自问自答，最后形成自己的观点。

批判性思维能帮助你做出更优的决策。下面，让我们共同探讨下一个未来技能：决策。

第六章 判断力和处置复杂事件的决策能力

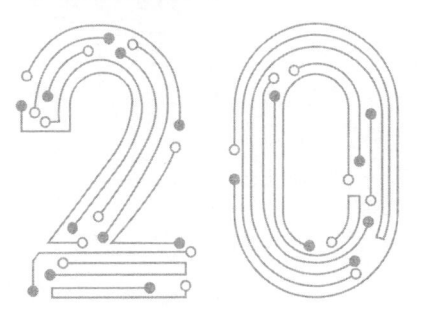

第六章
判断力和处置复杂事件的决策能力

每个人每天都要做出成百上千个决定。很多决定是直接、快速的，诸如穿哪件衣服、午餐吃哪种三明治等，但做出其他决定就没那么容易了。我认为，决策的难度正逐渐增加（即便不能用难形容，至少可以说更复杂了）。这一方面是因为如今的生活节奏太快了，以至于人们没有太多时间来思考和行动；另一方面是因为我们掌握的信息越来越多，信息过载现象也更加普遍了。在这种大环境下，想要做好决策就需要拥有更全面的能力，判断力和决策技能的重要性也更加突出了。

❖ 理解判断力和决策 ❖

判断力和决策之间的区别是什么呢？从本质上说，判断力是决策的基础。通过判断，我们可以得出一种结果或行动比另一种更好的结论，这个结论就是有意（而不是出于本能）做出的决定。

判断力的定义

伦敦商学院的安德鲁·利基尔曼（Andrew Likierman）认为，"判断力是个人基于自身特质以及相关知识和经验形成观点并做出决定的能力"。我很欣赏这个定义，因为它体现了个人特质（例如喜好、价值观和信念）与判断力之间的关系。我们做出的很多决策都无法用简单的"对"或"错"来评判，毕竟你认为"正确"的决策对别人来说可能是完全错误的。换句话说，有些事情是非常复杂的，因此我们需要提升判断力，力求利用信息、经验和个人特质做出最佳决策。

利基尔曼认为，判断力可以根据六个核心要素来衡量：

1. 你接收到的信息（也就是你听到或读到的东西）。

2. 你信任什么人，相信什么内容（例如，你是否基于高质量且可靠的原材料进行判断；参见第五章"批判性思维"）。

3. 你知道的事情（请注意，你今天知道的事情到了明天就可能变成错误的或者过时的了）。

4. 你的感受和信念（例如，要明确你的价值观和信念，并且不仅要在适当的时候使用它们，还要认识到它们何时会妨碍判断）。

5. 你的选择（比如统筹思考所拥有的信息，并使用决策技巧来提高成功的概率）。

6. 可行性（做出选择并不是最后一步，你还需要考虑这种选

第六章
判断力和处置复杂事件的决策能力

择的可行性)。

为了更深入地理解判断力与决策,我们还需要掌握两个关键概念:理性(重要问题是为什么人类不能时刻保持理性)和直觉(重要问题是凭直觉行动和深思熟虑后行动的区别)。

理性

好的决策就是理性的决策。人们总是想做出理性的决策(我们都不会故意做出背离理性的决策)。权衡利弊是理性决策的重要技巧之一。

问题是,我们受到各种因素的限制,很难保持绝对的理性。在有限的时间里,我们可能难以收集到做出绝对理性决策所需的所有信息。人类的记忆是有限的,因此我们无法记住所有相关信息。认知偏见(见第五章)也会限制批判性思维能力。诺贝尔奖得主、心理学家赫伯特·西蒙(Herbert Simon)提出了有限理性的概念。这个模型非常重要,它解释了理想的完全理性决策与现实决策之间的差别。

影响决策的另一个因素是大脑的思考方式。

直觉与慢思考

当我们做出决策或采取行动时,大脑的思维模式有两种,即快思考和慢思考。快思考是一种快速、直观的思维模式，大脑会在几秒甚至几毫秒内做出决定。这种决策过程通常是无意识的。试想，桌子上的杯子倒了，里面的水洒了出来，你会立刻把杯子扶起来。你的大脑不会权衡扶起杯子和任由水洒到笔记本电脑上的利弊，只会让你做出扶杯子的动作。

慢思考则需要批判性思考，是经过深思熟虑做出决策的思维模式。例如，面对两个工作岗位时，你会根据薪水、公司发展、通勤时间、未来晋升机会等因素权衡二者的利弊。

著名心理学家丹尼尔·卡内曼（Daniel Kahneman）在《思考，快与慢》（*Thinking, Fast and Slow*）一书中恰如其分地阐释了这两种思维系统的区别。系统一是快思考（直觉），适用于小而简单的决策，例如三明治的馅料是选鸡肉还是选鹰嘴豆泥。系统二是慢思考，适用于比较复杂的决策。对于这类决策，我们需要花费更多时间，根据多种因素来权衡每种决策，而不能仅仅依靠直觉做出判断。

我们对此都心知肚明。然而，每个人都曾经做过草率的决定。遇到问题了，我们就愣头愣脑地冲上去，没有经过必要的思考就采取了某些行动，之后又后悔不已。我们之所以会这样做，是因为慢思考既耗时又费力，还需要集中注意力并进行自我控制。有时，我们会因为疲惫或有压力而不能同时具备这些能力，这时快思维就占据上风了。因此，再聪明的人都可能做出不尽如人意的决策。

第六章
判断力和处置复杂事件的决策能力

错误决定和思维捷径

历史上不乏聪明人做错误决定的例子。1976年，苹果公司的创始人之一罗纳德·韦恩（Ronald Wayne）以800美元的价格将其所持10%的公司股份卖给了另外两个联合创始人史蒂夫·乔布斯（Steve Jobs）和史蒂夫·沃兹尼亚克（Steve Wozniak）。如今，这些股份的价值高达800亿美元左右。韦恩后来表示，他"基于当时能够掌握的所有信息，做出了最好的决定"。

导致错误决策的一个主要原因是简化。当大量信息令我们应接不暇、不知所措时，我们往往会简化问题。此时，我们的大脑会形成一种思维捷径，强行简化庞大、复杂的决策流程（当决策者很累或者压力很大时，尽管决策流程没有那么复杂，但是决策者也可能形成这种思维捷径）。

信息过载不是大脑形成思维捷径的唯一原因。例如，你可能会试图取悦你爱的人，或者试图模仿你崇拜的人，这两种情况都会使你的大脑形成思维捷径（"做什么才能让他/她开心？"或者"在这种情况下，他/她会怎么做？"），而不是花时间去充分考虑所有选择。

偏见也是形成思维捷径的原因之一。人们往往会更加关注那些能够佐证既有想法的信息。此外，我们倾向于低估坏事发生在自己身上的可能性，这是乐观偏见。以吸烟者的乐观偏见为例，科学已经证实了吸烟有害健康，甚至会危及生命，大多数人也承认这个事实。但是吸烟者往往会认为，吸烟确实会危及生命，但

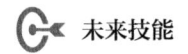

倒霉蛋不会是他们自己。因此，他们会做出继续吸烟的糟糕决定。

❖ 为什么判断力和复杂决策能力比以往任何时候都更重要 ❖

过度简化事物和陷入思维捷径陷阱是非常可怕的。如今，我们身边充斥着各种信息，网络和社交媒体上的信息更是数不胜数。周围的（甚至是真假难辨的）信息越多，我们就越容易简化决策。例如，我们可能会将一个复杂的问题归结为简单的"是或否"问题（即二元思维），也可能任由偏见左右决策。有时，我们尽管努力保持理性，也还是会走上这条捷径。

因此，我们都应该知道大脑是如何处理信息的，要学会分辨快思考与慢思考，尽量避免简化问题（批判性思维对决策至关重要，因为批判性思维会迫使我们质疑信息的完整性）。在这个信息爆炸的时代，做到这一点并不容易，但这仍然非常重要。

还有一个事实也不容忽视：随着人工智能和自动化技术的不断精进以及数据量的持续增加，机器将在未来的决策中发挥更大的作用，在企业内部更是如此。机器有其独特的优势，其分析数据的速度、准确性和深度是人类永远无法企及的。然而，这并不代表机器能取代人类做出决策。在我看来，这只会让人类在决策中扮演更重要的角色。

机器固然在分析数据时比人类更胜一筹，似乎还能从数据中发现最佳选择，但它无法像人类一样衡量这个选择可能产生的更广泛的影响，包括对公司战略、企业员工和企业文化的影响等。所以说，做出最终决定的只能是人类，而不是机器。因此，在数字化时代，决策将变得更加重要。

❖ 如何提高判断力和决策能力 ❖

判断力和决策能力都可以锻炼、实践并提升。我们每天都会做出很多决定，因此我们有很多机会来锻炼自己的决策能力。

以下是为个人和企业提出的几点建议。

给个人的建议

下面是几个提高决策能力的实用方法。

● 遇到问题，先下定义。做决策的第一步是了解情况和问题，从中找出自身的认知空白以及还需要收集的信息。

● 明确目标。你希望发生什么事情？最理想化的结果可能是什么？有时，我们只顾着埋头做选择，以至于忘了真正想要实现的目标。

● 精炼需求，权衡选择。列出所有可能的选择，然后分别确认每种选择的利弊，这是做出明智、客观决策的好办法。你也可以使用SWOT分析（即优势、劣势、机会和威胁分析）对不同的场景加以评估。如果选择太多，那么你可以把这些选择分成几组，分别考虑。

- 必要时，寻求他人的帮助。当你做出的决策会对他人产生影响时，你可能需要让这些受影响的人参与到你的决策过程中。当你的决策只关乎自身时，你可能只需要参考他人的意见。这时，你可以与信任的朋友、同事或导师交谈，他们可以帮助你评估各种选择，佐证你的决策，并增强你的信心。

- 为决策设定时间限制。如果你行事拖拉，那么你最好为决策过程设定一个时间限制。当然，有些决定更复杂，需要更多考虑时间，所以这并不是一劳永逸的办法。相比之下，下一条建议则更加具有普适性。

- 正确地看待决策。在此，我要再次强烈推荐《思考，快与慢》一书。有些不那么重要的决策实在无须经过慢思考。如果你为这些决策花费太多时间和精力，那么你就没有足够的精力应对更复杂的决策。有时，你还可以权衡一下做决策和不做决策的利弊。有时，采取观望的态度也未尝不可。

- 判断力与个人特质、信息和经验息息相关。好的决策可能是大脑（信息和经验）、心理（价值观和信念）和直觉（本能）的统一。机器更擅长做数据分析，而人类更擅长思考决策带来的影响。

- 认识到你的偏见。直觉在一些情况下是非常有用的，但有时会受个人偏见的影响。时刻记住这一点，并不断提升批判性思维能力。

- 不要害怕尝试。几乎没有哪个决策是绝对正确的，只是结果不同而已。还记得那个以800美元出售苹果公司股票的创始人吗？他曾经在公开场合表示，他很难跟上乔布斯和沃兹尼亚克两个年轻人的步伐。如果当初他没有出售股票，而是留在了苹果公司，他可能会成为"墓地里最富有的人"。从财富的角度来看，他的选择带来了糟糕的后果，但对他个人来说，这不是一个错误的决定。因此，要勇于尝试不同的方法。

● 努力提高决策能力。一个实用方法是，分析你做出的决定以及它们带来的后果，并用你的分析结果指导未来的决策。

作为家长，我认为培养下一代的判断力和决策能力是非常重要的。具体措施有：

● 让孩子们做选择。

● 明确孩子们能做主的领域和你需要做主的领域。随着年龄的增长，他们能自己做主的事情将越来越多。

● 让他们看看你是如何做决定的。他们可以从日常的小决定学起，比如在外出遛狗时是否需要穿防水夹克。

给雇主的建议

培训员工决策技能的课程有很多，我就不做推荐了。这里，我想谈一谈更重要的问题。

首先，领导层应该记住，虽然机器将在企业决策中发挥更大的作用，但是思考现实后果的还是人类。领导和管理层人员都应该思考公司决策对企业和员工的影响。

未来技能

你应该建立一种崇尚批判性思维的企业文化，要鼓励员工怀疑数据、考虑偏见、提出问题、质疑决策。

❖ 本章小结 ❖

本章的主要内容有：

● 判断力是决策的基础。做决策就是判断哪个结果或行为更好的过程。

● 许多决策不能以绝对的对或错来评判，你认为"对"的决定对于别人来说可能是错误的。记住，事情并不总是简单浅显的，因此我们需要运用判断力做出最优决策。

● 判断力与个人特质、信息和经验息息相关。好的决策可能是大脑（信息和经验）、心理（价值观和信念）和直觉（本能）的统一。

● 在这个信息爆炸的时代，跳出思维捷径（例如二元思维）以及在深思熟虑后做决定的能力比以往任何时候都更重要。我们要了解大脑处理信息的方式（即快思考和慢思考），并尽量避免简化问题。

● 未来，机器将在决策中发挥更大作用，但人类才是思考决策产生的现实影响的主体。

情感和直觉在决策中起着重要作用。下面，让我们探讨一下理解情绪的能力，即情商。

第七章　情商和同理心

第七章
情商和同理心

许多人认为,情商比智商更重要,情商高的人比智商高的人更容易获得成功。但是,随着未来企业发展(甚至日常生活)更紧密地围绕在机器和数字化互动周围,情商仍将比智商更重要吗?本章将具体谈谈我的看法。我认为,只要工作离不开人类和人际交往,我们就需要情商和同理心。

❖ 情商和同理心是什么 ❖

情商是感知、表达和控制自身情绪以及理解并回应他人情绪的能力。情商高的人知道他们的情绪会影响自身行为和周围的人,也能管理自己的情绪,甚至影响他人的情绪。

同理心是从他人的角度看待世界的能力。具有同理心,才能更好地了解他人的感受,因此同理心是情商的重要方面。

情商与智商

情绪智力简称情商(EQ),与认知智力(IQ)相对。《情商》

（*Emotional Intelligence*）一书的作者、著名心理学家丹尼尔·戈尔曼（Daniel Goleman）认为，尽管智商曾经被视为成功的先行指标，但是考虑到智商的涵盖范围过窄且不足以代表广义的人类能力，情商才是决定某人能否取得成功的关键因素。实际上，与他的看法类似的专业人士不在少数。

这个问题如今仍无定论，但智商显然不是成功的唯一先行指标，因为情商也发挥着巨大的作用。例如，一家保险公司的数据显示，在情商测试中表现较好的销售代理售出的保单平均保费高达11.4万美元，而表现较差的销售代理售出保单的平均保费为5.4万美元。这个差距可不小！

刚才提到了"情商测试"，意味着情商可以客观地测试评估，这一点与智商是一致的。测试情商的方法有很多种，既可以自我测试，也可以由第三方提供评估。情商可以细化为若干组成部分，它们都可以分别测试，其中包括：

● 从感受、语言以及身体语言等非语言信号中感知情绪的能力；

● 将情绪应用于思考和解决问题等认知任务的能力；

● 理解情绪及其背后含义的能力；

● 管理情绪的能力。这是情商的最高层次（能够调节情绪，对当前情况和他人情绪做出恰当的反应）。

第七章
情商和同理心

机器感应情绪的能力逐渐提升

情绪检测是情商研究的一个有趣领域。以往，人们一般通过捕捉并分析面部表情和肢体语言等语言线索及非语言信号来检测情绪。如今，研究人员正在探索检测情绪的新方法，例如分析气味（机器已经开始学习检测气味了）、监测语音（人工智能技术已经可以通过分析退伍军人的语音准确诊断创伤后应激障碍了），甚至还有发射无线信号并分析被人体反射回来的信号等方法。

无线信号这种方法看似有些天马行空，但它确实是可行的。伦敦玛丽女王大学的科学家们研究出了一种方法，向受试者发射无线电波（类似于无线路由器发出的无线电波）并监测被受试者身体反射回来的无线电信号。通过分析由微小的身体动作引起的反射信号的变化，该团队就能确定受试者的心率和呼吸频率，而这两个指标又与个人情绪有很大关联。

其他研究机构正在开发传感器和计算机视觉系统，用来分析身体姿势、面部表情和手势，从而辨别人们的情绪。

试想，随着这些技术的发展，家里的智能无线设备将极大改变我们未来的生活。从理论上讲，智能灯泡和智能音箱能感受到你的压力和悲伤，并相应地调整灯光和音乐。车里的传感器可以检测到驾驶员的愤怒情绪，并适时接管驾驶任务，确保行车安全。

我认为，在分析数据时，机器比人类更胜一筹，因此未来机器将比人类更善于检测人类的情绪。这就引出了一个问题：未来，人类是否还需要情商？

❖ 为什么我们需要情商和同理心 ❖

情商在生活的各个领域都很重要，从工作到人际交往都离不开情商。让我们一起探讨一下这背后的原因。

情商高的好处

情商较高的人更善于：

- 与朋友、同事、恋人、家人建立并维持良好的关系。
- 了解自己。
- 倾听他人。
- 先思而后行。
- 管理情绪，特别是在压力较大的时候。研究表明，情商高的人更不容易有压力，也更不容易焦虑。
- 纾解他人的负面情绪。
- 解决冲突。
- 在不伤害别人感情的情况下进行棘手的对话。
- 协作完成工作，管理职场中的人际关系（例如提供高质量

第七章
情商和同理心

的客户服务）。

● 领导他人。情商高的领导更擅长理解他人的情绪，手下的员工也会觉得他们的情绪没有被领导忽视。相反，研究表明，在低情商领导手下工作的员工没那么忠诚，也不太敬业。

● 做出更好的决定（见第六章），因为高情商的人能够觉察自身的感受，也明白感受对自身行为的影响。

数字化时代的情商

如果有朝一日，机器对人类情感的理解超过了人类本身，那么人类还需要情商和同理心吗？答案是肯定的。虽然应用人工智能技术后，机器辨别并解释客户和员工情绪的水平可能会得到极大提升，但是人际交往仍然离不开人的情商。例如，打造优质的客户体验，为员工提供轻松愉快、团结协作的工作环境，都与人类的情商息息相关。

我认为，人工智能提高了个人和企业的情商，因为人工智能可以增加人与人之间的互动，也能让人机互动更密切。斯坦福大学曾经开展过一项研究，研究人员为自闭症儿童提供了一副谷歌智能眼镜和配套的智能手机应用程序，帮助他们理解他人的面部表情。使用几个月后，这些孩子的父母反馈称，孩子与他人的眼神交流更多了，人际关系也有所改善。

人际交往离不开情商，做出复杂的决策（主体仍将是人类，而不是机器,见第六章)也需要情商,因为情绪本来就与判断力和决策相关(当然,我们也需要运用同理心来理解我们的决策对他人的影响)。

我认为,在数字化时代,情商的重要性非但不会减弱,甚至可能比现在更重要。

首先,情商能让我们放慢脚步,更充分地考虑一些事情,而不是任由情绪控制行为。在这个时代,放慢速度是非常重要的。如今,只要在屏幕上点击几下,短短几秒内,我们就能得到需要的所有信息、商品、服务甚至是关注,而且周围到处都是试图吸引人们注意力的新信息,因此我们难以长时间集中注意力,也很难独立思考。(在第四章中,女娜·来姆克博士的警告令人不寒而栗。她认为,"人们正逐渐丧失延迟满足、解决问题、应对各种挫折和痛苦的能力。")情商能够帮助我们更充分地表达自己的思想和情感,并督促我们花时间来解决复杂的问题,从而对抗网络生活带来的负面影响。

其次,这个时代还存在一个问题,即数字化工具可能会让人们失去同理心。一项持续时间长达30年的调查研究表明,2000年以来,随着数字化工具的快速发展,被调查学生的同理心急剧下降。只要看一下推特或资讯网站的评论区就不难发现,许多人已经失去了与他人正常交流的能力。在这个数字化时代,想要健康发展,就必须保留人性,而情商则是人之所以为人的重要原因之一。

第七章
情商和同理心

应对数字化转型

从前文可知，大小企业都正处于由新技术引领的快速转型期。对于数字化转型而言，实施技术变革固然重要，但更重要的是人员管理。有时，有些人会抵制变革，还会对新技术嗤之以鼻，阻碍技术变革。

高情商的领导层能够与员工共情，倾听员工的声音，宣传变革的必要性，鼓励他人接受新技术，进而扫清人为导致的障碍。情商还有助于对抗远程工作和混合办公的负面影响。当管理层和员工不在一处工作时，维系上下级关系会变得更加困难（在新冠疫情期间开展的一项调查研究表明，近半数远程工作者认为他们对企业的归属感减弱了）。情商高的人更容易理解他人在远程工作时所面临的问题和挑战并与他人共情，因此能够更恰当地处理上下级之间的关系。另外，情商较高的管理者也能更轻易地发现那些身处困境的员工，并积极地为他们提供帮助。

我认为，在这个数字化转型加速落地、自动化技术迅猛发展的时代，情商比以往任何时候都更重要。我承认，机器将在大量领域更胜一筹，但有一件事是机器永远不会超越人类的，那就是与另一个人相处。

怎样提高情商和同理心

情商是可以通过学习和锻炼来提升的。你可以从了解自己和周围人的情绪入手，逐渐精进到学习如何调节情绪。下面将介绍几种提高情商和同理心的简单方法。

给个人的建议

● 学会倾听。要着意了解他人的感受，倾听他们的口头语言和观察他们的肢体语言。

● 修炼同理心。提出这个建议似乎有些多此一举，但请回想一下，你上一次有意地站在别人的角度思考问题是什么时候？如今的生活过于忙碌紧张，以致我们很难停下来问一问自己："如果我是他们，我的感觉是怎样的？"但是这是很重要的，所以当你与别人交谈时，试着多问自己这个问题。当你需要理解别人的观点时，你就会发现这种练习的用处之大。

● 辨别并分析自己的情绪。知道情绪是情商的重要部分，尝试去观察你的感受，甚至是为感受贴一个标签（例如愤怒或幸福），并思考这种感受对行为和决策的影响。养成习惯后，你就会自然而然地先思而后行，而不是任由情绪摆布。

● 集中注意力。练习专心致志是调节情绪的好方法。你可以花些时间练习关注自己的内心和周围发生的一切，包括你的想

第七章
情商和同理心

法、感觉和感受，并利用你感知到的一切更细致地分析你的感受。在你压力比较大的时候，不妨试试这样做。

你还可以利用网上的资源来测试你的情商，也可以学习一些提高情商的在线课程。

给雇主的建议

情商测试是一种实用工具，能引发人们的思考并明确亟待提升的领域，因此我鼓励企业为领导层和员工团队提供情商测试。此外，围绕提升情商的培训项目也有很多。我也建议领导层跳出思维定式，抓住其他相关的学习机会。

雇主还应该考虑越来越多的远程工作对企业员工情商的影响。经理层应该格外注意保持与远程工作员工的社交和情感联系。具体来说，经理层可以通过定期进行一对一视频聊天或召开小组视频会议来沟通感情。

最后，雇主还应该思考将情商植入未来数字化系统的潜力，比如可以引入客服电话分析系统来识别对方的沮丧或愤怒情绪。

❖ 本章小结 ❖

快速回顾一下本章的内容：
- 情商是感知、表达和控制自身情绪以及理解并回应他人情绪的能力。同理心是站在别人的角度看问题的能力，是情商的重要方面。

● 机器感知情绪的能力在不断提升，未来甚至会超越人类。但是，人际交往仍然离不开情商。有一件事是机器永远不会超越人类的，那就是与另一个人相处。

● 在数字化时代，情商将变得更加重要。情商让我们放慢脚步，更多地表达想法和感受，并对抗网络生活造成的负面影响。

● 情商可以通过学习锻炼来提升，具体的方法有练习倾听、共情、分析自己的情绪等。

下面，让我们探讨一下（至少在目前）人类胜过机器的能力：创造力。

第八章 创造力

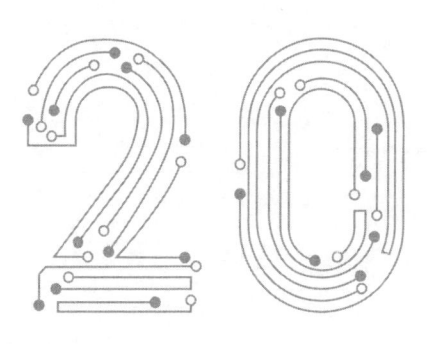

第八章
创造力

创造力成就了如今的我们。这里谈论的创造力不局限于美术、音乐、表演艺术、建造等领域,而是普遍意义上的创造力,即设想未来、实现想法的能力。每个人都有这种创造力,而且大多数人每天都在运用创造力,艺术家是如此,会计师也是如此。

❖ 创造力是什么 ❖

创造力是将想法转化为现实的能力,可以分解为两个部分:思考和行动。事实上,行动才是创造力的关键。有了好想法却不付诸实践,就算不上创造。换句话说,创造力和想象力并不一样:创造力是想象力的延伸,是指把想法变成行动的能力。再强调一遍,这里的创造力并不是要求你做出堪比博物馆陈列品的精美艺术品,而是指设想不同的场景来解决问题的能力。通俗一点儿说,我们要讨论的是为这个世界带来新事物。

奥古斯汀·富恩特斯(Augustin Fuentes)在《创意火花:想象力怎样使人类脱颖而出》(*The Creative Spark: How Imagination Made Humans Exceptional*)一书中指出,将设想转化为现实的能

力是人类所独有的,这种能力推动了人类的进化进程。几十万年以来,创造力让人们填饱肚子,克服挑战,制造出复杂又美观的工具,并学会驯化动植物。我们观察周围的世界,设想未来世界的样子,然后付诸行动。正是这样的创造力让人类这个物种塑造了周围的世界,也正是这样的创造力才让我们与众不同。

从这个角度来看,自古以来,创造力是每个人都拥有的基本技能。还有一种与之对立的观点,认为创造力是与生俱来的,只为部分"有天赋"的人所有。为了驳斥这个观点,英国埃克塞特大学(Exeter University)的研究人员针对艺术、体育和数学领域的杰出人物展开了调查,目的是研究这些人的成就是否源于与生俱来的天赋。这项调查研究的结论是,他们的杰出成就可以归于多种因素,包括培训、动机、激励、机会以及实践。而这几个因素中,实践才是最关键的因素。即便是莫扎特这样的天才也必须倾尽全力,才能创作出美妙的音乐作品。

因此,如果有人说自己缺乏创造力,那么你可以婉转地纠正他们,因为每个人都有创造力。创造力并不是少数人与生俱来的。

❖ 创造力为什么重要 ❖

创造力将是在第四次工业革命取得成功的必备要素。让我们来探索一下其中的缘由。

第八章
创造力

创造力对于工作的重要性

人们经常把创造力与创新混为一谈，但从严格意义上来讲，二者并不能等同。创新是通过引入新商品、新服务或改进现有产品、服务来创造价值的过程。没有创造力就谈不上创新，创新和创造力有着千丝万缕的联系。因此，想要保持创新能力的个人和企业都需要培养创造力。

认识到这一点是至关重要的，因为创造力并不总是被视为工作的好伴侣。创造力（不论正确与否）意味着自由与乐趣，而工作毕竟是工作，坐在桌子前、站在车间里或者四处奔忙，每天八小时，难免死板又无趣。但是，职场绝对需要创造力，因为创造力带来了创造性思维（包括想出新办法，跳出固有思维等）以及解决问题的能力（将想法付诸实践，或者让事情变得更好）。

以下几种职场所需的技能是创造力的引领者：

● 批判性思维（见第五章）。在设想新的可能性之前，你需要对当前的状况有个清晰的认知。

● 开放的思想。想要得出新的解决方案，就必须放弃"我们之前一直这样做"的心态。

● 判断力和决策（见第六章）。在选出最佳的前进方向之前，你可能需要权衡不同选择的利弊。

● 勇敢。不论前期准备多么充分，尝试新鲜事物通常都意味着冒险。

● 沟通与协作。实现想法一般离不开他人的帮助（第九章将深入探讨协作，第十章的主要内容则是沟通）。

即便不考虑创造力对创新的影响，只要想想创造力与其他必备技能的联系，就能明白为何世界经济论坛将创造力列为第四次工业革命所需的十项基本技能之一了。事实上，在这十项技能中，创造力位列第三，仅次于解决问题的能力和批判性思维。

另一份调查报告显示，58%的雇主认为，在未来几年中，创造力的重要性将提高。究其原因，是工作的性质正在发生变化。

机器越来越强大，创造力比以往任何时候都更加重要

丹尼尔·平克（Daniel Pink）在《全新思维：为什么右脑型思维者会统治未来》（*A Whole New Mind: Why Right-Brainers Will Rule the Future*）一书中指出，当今的职场比较重视由左脑主导的线性思维，但在未来职场中，左脑思维的重要性将逐渐减弱，而由右脑主导的创造力和同理心等技能将占据上风。由右脑主导的技能将引领经济发展的新时代，平克称之为"创感时代"（该词语从由知识工作者引领的信息时代、由工厂工人引领的工业时代以及由农民引领的农业时代延伸而来）。平克认为，创造力就是一种竞争优势，而未来将属于富有创造力的思想家。

他这样说的理由很简单：早年间，"知识工作"推动了经济增长，而近几十年来，机器越来越多地承担了这项任务。未来，人

第八章
创造力

们会更多地承担有难度、有创新性和创造性的工作。

机器甚至可能提高我们的创造力

我们通常认为创造力是人类独有的技能。但是，与这种认知相背离的现象是，人工智能在创作音乐、写小说等具有代表性的创造性任务方面的表现越来越突出。一种人工智能算法创造了一幅名为"埃德蒙·贝拉米肖像"（*Portrait of Edmond de Belamy*）的画作，后来被佳士得拍卖到了43.25万美元的高价。为了创作这幅作品，人工智能分析了15000幅从14世纪到20世纪的肖像画数据。编舞家韦恩·麦格雷戈（Wayne McGregor）运用人工智能技术，根据数百小时的舞蹈视频编出了舞蹈片段。

从这些例子中，我们可以看出，人工智能会学习人类艺术家的作品，然后根据这些模型来指导或创建新作品。这是非常令人惊艳的，但并不足以取代人类，人工智能的创造力也不能与人类相提并论。人工智能可以按照莫扎特的风格谱曲，但并不能形成全新的作曲风格。机器的创造力以人类的创造力为底层模型，因此推动创造性过程、拓展创造力边界的是人类，而不是机器。

我相信机器将更好地辅助人类进行创作，例如机器可以根据设计师设定的参数和规格来设计新产品。设计师菲利普·斯塔克（Philippe Starck）与人工智能合作打造了一把椅子，并在米兰设计周展出。

人与人工智能一起创造新事物的概念称为"共同创造"。未来，会有更多"共同创造"的作品面世。《创造力代码》(The Creativity Code)一书的作者马库斯·杜·索托伊（Marcus du Sautoy）认为，人工智能将成为"推动人类创造力发展的催化剂"。综上，我认为，创造性技能必定与数字素养技能（见第一章）相辅相成，密切相关。

如果没有人类的干预，机器会存在自发的创造性吗？当前，人类对机器智能的巨大潜力只是略知皮毛，因此我们尚且不能否认机器本身的创造性。但我认为，机器的最大用处在于优化人类所做的创造性工作，包括创作艺术品、设计新产品、展开营销活动、解决关键问题等。

激发年轻人的创造力

在讨论怎样提升创造力之前，我想先讨论一下创造力教育的重要性。创造力是决胜未来的一项重要技能，因此我认为学校应该提高对艺术类学科的重视程度，使其与科学和数学等学科齐头并进。作为一所地方学校的董事，我惊讶地发现，学校大力鼓励学生修读艺术类课程，仅仅是因为学生太重视STEM学科（S为科学、T为技术、E为工程、M为数学）而忽视了其他学科。

因此，学校及家长应该着力培养创造力这个重要技能。一种实用方法是突出创造力对技术、数学等传统学科的作用。比如，

第八章
创造力

技术这门学科就是围绕着产生新想法和新解决方案展开的。

在这个时代，STEM 教育在向 STEAM 教育（A 代表艺术）发展。诚然，创造力不局限于艺术一门学科，但通过学习艺术，学生可以养成成功所必需的创造性思维并掌握创造性解决问题的能力（一项有趣的研究佐证了这一点。该研究显示，几乎所有诺贝尔奖得主在成年后都坚持练习某种艺术，例如绘画或唱歌等）。

学校和家长要向学生灌输创造力的重要性，并让年轻人为第四次工业革命中的工作机会做好准备。正如丹尼尔·平克所说，第四次工业革命期间，由右脑主导的工作将占据上风，而由左脑主导的工作将很容易被智能机器取代。

❖ 如何提高你的创造力 ❖

记住，创造力不是与生俱来的，是可以后天锻炼提高的。那么，个人和企业要怎样提高创造力呢？

给个人的建议

我个人比较推荐的方法有以下几种：

● 提问题。运用你的批判性思维，问问自己当前存在什么问题，并设想一下理想的状态。

- 建立人际网络。与拥有不同生活经历、掌握不同知识的人进行社交是接触新颖想法的好途径。所以，你要认识一些新朋友，多与他们交流，以便拓宽自身的视野。

- 去新的地方。旅行是开阔视野的好方法。出国旅游也好，去不同的咖啡店做工作或者到没去过的地方走走也好，都能提高你的观察技能。

- 找规律。理查德·布兰森（Richard Branson）的成功秘诀是"连点成线"，也就是将不同的问题、想法和困难联系起来。这可能会激发你的创造力，让你得出一些有趣的解决方案。

- 写日记。我随身携带日记本，里面记录着一切有趣的事情：文章中的理论、第一次听到的词语、迸发出来的写作思路、有趣的见闻感受，等等。它们看起来很零散，但有时我会发现它们之间有意想不到的联系。

- 多阅读。现在的生活节奏非常快，因此很难留出时间来读书。为了解决这个问题，我喜欢在跑步时听有声读物。当我受到启发，产生新想法时，我会立即用手机录下来，稍后再誊写到日记本上。

- 摘下耳机，放空头脑。我喜欢在跑步时听有声读物，但我不总是这样做。跑步或走路时，我也喜欢放空头脑，任由思绪蔓延，享受片刻的宁静。我的一些好想法就是这样产生的。

- 多想象。想象是很重要的。想象从事全新的职业，想象完美的纪念日大餐，想象各种事情。在这个信息超载的时代，恣意想象可能并不容易做到,但你可以尝试在空闲时间放下手机,留出一些时间来发挥想象力。

● 保持积极的心态。研究表明,良好的情绪能提高大脑的创造性。你可以通过锻炼、冥想、向他人表达感谢、睡个好觉等实际行动来保持好心情。

● 练习,练习,还是练习。提升创造力与弹钢琴、跑马拉松一样,都需要时间和定期的练习。你可以尝试在日常生活中践行以上建议。

给雇主的建议

企业应该鼓励员工发挥创造力。例如,谷歌公司曾经要求员工用20%以上的时间来探索钻研那些短期内不会产生回报但长期来看可能会带来巨大机遇的项目。员工可以放心大胆地将这部分时间花在对谷歌的未来发展最有利的事情上,同时也知道这段时间的努力可能是徒劳无功的。谷歌认为,这个"20%原则"极大地推动了公司的发展。

这似乎令人振奋,但我们必须认识到,当我们囿于日常工作和生活的细枝末节时,发挥创造力是很难的。科学也证实了这一点。研究表明,当灵长类动物对食物的基本需求得到满足时,它们会更有创造力。相反,当低收入人群为经济状况所困时,他们在解决问题的测试中表现得更差。换句话说,当基本需求得到满足时，人们就会更有创造力。那么，你应该如何满足员工的基本需求，从而激发他们的创造力呢？在企业中，你可以引入技术和自动化装备来承担更多日常任务，让员工有更多时间和精力去从事更有价值的工作。

以长远看，你要让员工知道，即便创造力可能导致失败，但创造力及其带来的风险是被允许的。作为雇主，你应该建立一种认可并宣扬创造力的企业文化——这可能需要你重新考量绩效管理和考核指标。

❖ 本章小结 ❖

本章的主要内容有：

● 创造力意味着把富有想象力的想法变成现实。这涉及思考和行动两个过程。只想不做只能算是有想象力，但不是有创造力。

● 随着机器承担更多的"知识工作"，创造力在职场中的重要性将日益凸显。

● 机器应对某些创造性任务的能力越来越强了，但机器不能像人类一样创造全新的东西。尽管人工智能的潜力无限，但人类才是绘制未来场景、想象新可能性、领航企业未来的主角。

● 创造力不是与生俱来的。每个人都可以通过多想象、拥抱安静、多阅读、与新朋友交流等途径来练习并提高创造力。

人类塑造周围的世界离不开创造力，也离不开合作。我们需

第八章
创造力

要与他人交流,并借助他人的帮助,才能实现很多想法。因此,创造力其实是一种社会过程。那么,让我们共同探讨下一个至关重要的未来技能:合作。

第九章 合作和团队协作

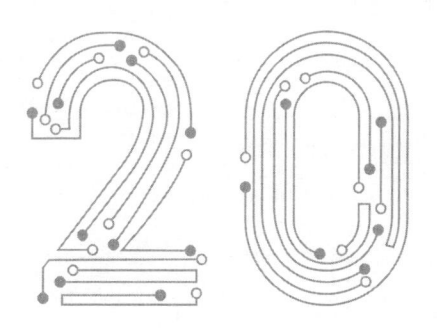

第九章
合作和团队协作

在第四次工业革命中，企业面临着诸多挑战，更要努力跟上极快的变革步伐。企业希望员工能与他人进行良好的团队合作，共同应对挑战，推动公司发展。因此，合作是一种未来必备的重要技能。合作显然是决胜职场所必需的技能之一，但确实有些团队和个人不能与他人和谐相处。本章将探讨优秀合作者的特征、拒绝合作的原因以及在未来职场中合作的可能形式。以后，分布式团队远程协同工作将成为常态。

❖ 合作是什么 ❖

合作指与他人一起做出集体决策，以便实现共同目标。

合作和团队协作是一回事吗

合作与团队协作有相似之处，都要求人们一起工作，但二者并不完全相同。团队里的每个人都有自己的角色和任务，大家努力完成共同目标。

团队里通常会有一位领导,负责管理团队并监督团队成员的工作情况。以足球队为例,教练统一领导球队成员,而成员分别扮演着守门员、后卫、中锋等角色。即便某个球员被罚下场或者教练无法在场决定战术时,其余的球队成员也能继续完成比赛。

合作包含团队协作的含义,因为合作要求人们一起工作。除了这层含义以外,合作还意味着一起思考、一起做决定、一起承担责任,而不是单打独斗。合作无须领导者,整个团队可以进行自我管理。如果某个人无法完成任务,其他人就会填补空缺,因此整个团队仍将努力向目标迈进。这才是合作的意思。

合作和团队协作都能帮助团队达到预期目的。然而,二者形成的团队关系可能并不相同。

我们可以这样理解它们的不同之处:从理论上讲,在团队协作中,即便个体之间存在相互厌恶、不尊重对方、不信任彼此等问题,甚至是个体不具备同理心和情商等重要技能,也不会阻碍整个团队实现目标。只要每个人各司其职,团队就能实现目标,取得成功。然而,真正的合作离不开情商、相互尊重和信任。

团队的性质正在变化,传统的自上而下的组织结构逐渐向扁平化组织结构转型。这种新型结构的主导者是项目团队,而不是某个人或某些管理层。因此,合作对于未来团队的重要性将不断提高。

第九章
合作和团队协作

优秀的合作者应该具备怎样的特征

合作是具有挑战性的。优秀的合作者应该具备多种人际交往技能，其中最重要的当数沟通技巧，第十章将就此进行深入探讨。第七章中的情商和同理心也非常重要。

比较重要的技能还有：

● 善于倾听。优秀的合作者会耐心倾听他人的观点，再表达自己的看法。

● 甘愿付出时间，分享知识和经验，乐意鼓励别人。在这个快节奏的时代，做到这一点是非常不易的。我偶尔也会吝啬自己的时间，不愿意慷慨地在他人身上花费时间。

● 适应能力强。优秀的合作者非常灵活变通。当事情没有按照计划进行（这是非常普遍的现象）时，他们能随机应变。

● 信任别人，也值得别人信任。在优秀的合作者面前，人们可以大胆地说出自己的想法。优秀的合作者坦率且真实，他们言出必行，这些品质都会赢得他人的信任。优秀的合作者也信任他人，既不多疑也不消极。

● 自我驱动。合作过程中不一定有指挥大局的领导者，因此优秀的合作者都是自我驱动的。这种内在的驱动力推动着他们前进，其他人也将受此鼓舞。

● 尊重他人。彼此尊重是相互配合的基础。

● 以团队为导向。优秀的合作者以实现共同目标为重，他们不执着于获得别人的认可。换句话说，他们没有强烈的自我意识。

● 对意见和建议持开放态度。优秀的合作者会欣然接受别人的意见和建议，并将其视为学习和提升的机会。

❖ 合作为什么重要 ❖

合作几乎对所有工作都很重要。合作能够提高员工的工作效率、创造性和生产率，而这些都是企业取得成功的重要因素。此外，通过合作，个人可以与团队建立更好的联系，这又会提高员工对企业的满意度，使员工更敬业、更积极主动，同时也有助于打响自家的品牌。

从个人的角度来看，除了极特殊情况以外，与他人合作的工作效率一定比独立工作的效率更高。在合作的过程中，个人可以向拥有不同背景的人学习，并获得有趣的新视角。从企业的角度来看，合作能够推动知识共享，这对个人工作和未来发展都大有裨益。

21世纪职场的合作

之前曾经提到，组织结构正向扁平化演变。远程工作和混合办公也将逐渐变成常态。届时，团队成员可能在不同地点，甚至不同国家工作。新冠疫情暴发后，84%的雇主表示，他们将允许更多员工进行远程工作,远程工作员工的比例甚至可能达到44%。另外,打零工的人、合同工和自由职业者的数量将不断增加。因此,未来的团队很可能包括坐办公室的员工、远程工作员工、合同工、固定的团队成员,以及在不同项目和团队中供职的企业内部员工。

这样的分布式团队有其优势,但也存在一些问题。团队员工需要加强与彼此的沟通联系,并明确共同的目的。如果做不到这一点,那么员工可能会深受其害。本章稍后将就促进远程工作团队合作的方法展开讨论,但在这里,我只想说,合作将比以往任何时候都更加重要。未来的合作可能发生变化,而且将更多地依赖数字化工具的协助,但不变的是,对于个人、团队和企业来说,合作仍将是成功的重要因素。

什么是融洽合作的绊脚石

与他人合作实现共同的目标,听起来似乎很容易。不过,事实并非如此,只要想想职场中那些蹩脚的合作就可知一二了。很多企业、团队和个人都不知道怎样融洽地与外界合作。其中的缘由是多样的,除了缺乏上文提到的人际交往能力以外,还可能是因为某些障碍阻碍了融洽合作。这些障碍可能包括:

- 恐惧。如果人们害怕表达新想法、提问题或向他人寻求帮助,那么合作和创新都会受到影响。

- 时间。如果有人认为与他人合作会耗费过多时间，他就可能拒绝合作。合作与创造力的类似之处在于，在有空间、有时间、有精力的情况下，人们的创造性会更强，合作也会更融洽。

- 弹性工作和远程工作。这些工作形式加大了合作的难度。

- 领导能力差。企业的每个层级都应该建立相应的合作模式。如果企业的领导者不能得到员工的信任，不愿意付出时间，不想分享知识，也不去倾听他人的意见，那么团队成员也会随波逐流。

- 绩效管理体系。很多企业的绩效管理体系以业绩和奖励为导向，因此员工的内部竞争非常激烈。为了推进合作，绩效考核应该纳入人际关系考量，而不应该以任务为唯一标准。

- 对性格的刻板观念。很多文章探讨了内向者和外向者之间的差异以及二者在群体环境中的行为。我认为，有差异是好事，但差异不应该是失败合作的借口。换句话说，外向的人也可以是乐于与他人分享知识的优秀倾听者，而内向的人也可以是情商高又有同理心的人。我们不能以笼统的性格区分优秀合作者，而是要关注每个人的特定品质。

❖ 如何提高合作技能 ❖

诚然，一些人天生就比其他人更擅长合作，但每个人都可以通过学习和锻炼来成为更好的合作者。下面，我将介绍一些提高合作技能的技巧。

第九章
合作和团队协作

给个人的建议

- 练习倾听。有人说话时,把注意力放在他们的言语上,不要急着发表你的言论。这样做能让你更好地理解他们的观点,他们也会觉得你听进去了他们的话。另外,你要排除干扰——在别人说话的时候,不要看手机!

- 乐于付出时间并发挥才能。如果你缺少足够的合作机会,就自己去寻找机会吧。主动去参与项目,参加企业内部的组织以及企业外部的行业组织,申请成为导师,这些日常工作之外的事情都可能是极佳的学习机会。

- 拜师学艺。如果你欣赏某个人的合作技巧,就去问问他是否愿意给予你一些指导。与他喝一杯咖啡就能让你受益匪浅。

- 大胆说出你的需求。大家的工作方法不同,因此你要与他人提前沟通,告诉他们你喜欢的合作方式以及你需要别人为你提供的帮助。另外,你也应该问问他们需要你做些什么,并兑现你的承诺。

- 提高情商和同理心。

以下是为远程工作者提供的建议:

- 询问他人的沟通偏好。有些人更喜欢发电子邮件,有些人则喜欢打电话或视频,也有些人更愿意看即时消息和表情符号,还有些人看到笑脸表情就会立即关掉对话框!了解对方的沟通偏好并尽量迎合。

- 提前做准备。远程工作时,我们很难像面对面工作一样抓住别人传递的非语言信息,因此你说的话非常重要。开会发言或打电话之前,提前想想你要说些什么。给别人发送文字消息之前,先检查一遍,确保你的表述清晰明了(收到别人的文字消息后,尽量不要过度解读)。下一章将深入探讨沟通交流技能。

- 多和别人聊天。花些时间随便和别人聊聊天,这会帮助你建立并保持融洽的人际关系。你甚至可以问问你的上司,你的团队能否建立一个不谈工作,只说闲话的聊天群。

- 注意时差。如果你和同事不在同一时区,那么一定要留意你们的时差。不要指望他们在非工作时间回复你的消息。另外,项目的最后时限也要考虑时差。

- 尽量在现实世界中见面,这样做非常有利于关系的发展。确有难度时,你可以组织一次线上见面会或虚拟测试。

给雇主的建议

以身作则的重要性不言而喻。领导层和管理者必须是很好的倾听者,必须尊重他人的想法和意见、建议,必须值得员工信任,保持灵活的头脑,还应该具备优秀合作者的所有特征。企业文化必须将开放性思维、透明度和人际关系置于优先位置,因此你可能需要重新考虑或调整企业的绩效管理考核指标。

你还可以组织一些有针对性的训练和团建活动,例如外出静思会、团体练习和集体游戏等。某些团建活动不免令人感到尴尬，但类似搭建乐高模型等看似不实用的团队合作活动确实能很好地提升员工的合作技能和人际关系。

企业要设法保证远程团队成员的合作。为此，你需要购买一些专门为远程工作设计的技术工具，例如文档共享平台、在线通信工具、视频通话软件和项目管理软件等。经理层还应该定期与个人进行沟通交流，并安排更多社交活动（在线虚拟社交和面对面社交活动均可），从而维系团队关系。

❖ 本章小结 ❖

简要回顾一下关于合作和团队协作的关键要点：

● 合作意味着与他人一起做出集体决策，并实现共同的目标。团队协作也是很多人在一起工作，但它的意义与合作不尽相同。只要团队里的每个人各司其职，做好自己的事情，这个团队就是"成功"的，但合作对人们提出的要求更高。合作离不开尊重、信任、透明、倾听、情商等。

● 未来，企业的组织结构将向扁平化过渡，在家工作的员工也会越来越多。在这种背景下，合作将比以往任何时候都更加重要。也就是说，当团队成员不在同一个地方工作时，他们必须更努力地促进合作。

● 合作面临的障碍有很多，包括恐惧、缺少时间和将任务指标置于人际关系之上的绩效管理结构等。

● 每个人都可以学着成为一个更好的合作者。提升合作技能的方法有积极倾听、主动付出时间并分享知识、坦诚沟通你的喜好、接受别人的指导等。

沟通与合作密不可分。下面，让我们谈谈人际沟通。

第十章 人际沟通

第十章
人际沟通

如今，很多公司的在线客户服务是由基于机器学习的聊天机器人提供的。它们能够顺畅地与人类交流，有时甚至真假难辨。尽管聊天儿机器人已经非常智能了，但是短期内它们的交流能力仍然不会超越人类。让我们来聊聊人际沟通以及未来职场需要怎样的人际沟通技能。

❖ 人际沟通是什么 ❖

人际沟通即与他人交换信息、交流感受、表达意思。开会、做主题演讲、发电子邮件、闲聊等工作场合都会用到人际沟通技能。

人际沟通包括四种类型：

● 口头沟通。打电话和视频通话都属于口头沟通的范畴。说话的内容、语气和速度以及"嗯"和"啊"这样的语气词都会影响信息的传递质量。

● 书面沟通，包括电子邮件、即时通信软件消息、社交媒体评论、报告等形式。有效的书面沟通应该是表达清晰的（必须注意语法）。你还可以使用表情符号来表达意思。

● 非语言沟通，即通过身体语言、眼神交流等肢体语言来表达意思（稍后将就这一点展开详细讨论）。

● 倾听。倾听非常重要，但经常被人们忽视。在别人说话时，要集中注意力聆听他们的发言，并通过眼神交流、语言回应等方式予以鼓励。同时，倾听意味着捕捉发言者的非语言信号，并运用情商来理解发言者真正想表达的意思。

重要的不仅是你说出口的话……

说话的方式也很重要。语音语调以及肢体语言、眼神交流、面部表情、头部运动和手势等非语言信号在沟通中的占比高达93%，是表达意思的有效途径。

通常情况下，我们不必特意去捕捉或理解这些非语言信号，因为人类天生具有通过非语言信号进行交流的能力。事实上，非语言信号往往比语言更加重要。一项调查研究表明，受试者在理解他人的表达时，往往更依赖于说话的语气，而不是词语的含义，所以当表达方式不同时，即便是像"糟糕"这样的贬义词也会被理解成中性词或褒义词。当有人说他"很好"，但他的行为举止都在告诉你他并不好时，我相信你一定能理解他真正的感受。这项研究得出了一个结论，即人们对信息的理解有7%来自说话内容，38%来自说话的语调，55%来自肢体语言。非语言信号在沟通中的占比高达93%这个结论即来源于此。

认识到这一点是非常重要的。如今，电子邮件、即时通信软件聊天、社交媒体评论等书面沟通形式已经变成了主流，但这种沟通形式并不能传递非语言信号。你是否曾经误解过别人发表的网络评论，把讽刺言论或玩笑话视为粗俗之语？之所以会存在这种错误的认知，就是因为非语言信号的缺失。如果你能接收到对方的非语言信号，你就可以清晰地辨别出他的意思。

幸运的是，越来越多的人选择以视频的形式召开远程会议。与会者不仅可以听到别人的发言，还可以接收到非语言信号。稍后将就远程沟通展开深入探讨。

你是哪种类型的沟通者

有些人可能同时具有两种甚至更多类型的特征，还有些人在不同的情况下会显示出不同类型的特征。如果你知道自己和别人是哪种类型的沟通者，你就可以针对不同的受众调整你的沟通方式，从而提升沟通的质量。

沟通者可以分为五种基本类型。

1. 自信型沟通者

自信型沟通者的沟通效率最高。他们能自信沉稳地与人沟通，清晰地表达自己的需求，但不会随意贬低别人。他们倾向于谈论自身的想法和感觉，比如，他们会说"你没有按时到会令我有些失望"，而不会用"别再迟到了"这种不那么积极的表述。

他们不会借沟通进行情感操纵，而是会考虑并尊重他人的权利和意见，同时坚持自己的需求、期望和界限。

即便是在没那么自信的时候，他们也能斩钉截铁、侃侃而谈。他们常常说"会"而不是"可能"，还会积极倾听别人的想法，清晰冷静地回应，同时寻找互利的解决方案。

面对自信型沟通者时，你应该询问他们的看法，并给他们机会来分享观点。他们是以结果为导向的，所以只要你给予他们足够的尊重，他们就能欣然接受所有建议甚至批评。

2. 攻击型沟通者

自信型沟通者是以结果为导向的，而且非常重视他人的观点。与自信型沟通者不同，攻击型沟通者更加我行我素。他们在沟通交流的过程中经常充满敌意、锱铢必较、咄咄逼人，而且总是摆出一副高高在上的架势。即便他们说的是正确的，他们的说话方式也常常令别人反感。

这类人很难与他人和睦相处。面对攻击型沟通者，首先，你要做好心理准备，知道他们可能会试图打压你，或者以令人生厌的方式与你进行交流。其次，你要尽快切入重点，尽量缩短与他交流的时间。

3. 被动型沟通者

这类沟通者愿意取悦别人，为人简单又质朴。他们通常很随和，而且会不惜一切代价避免冲突，即便是失去表达观点和需求的机会也在所不惜（但长久的隐忍可能会导致心存怨恨）。被动型沟通者愿意倾听他人的发言,也很容易附和他人的想法,因此他们自己的观点常常被别人忽略。

如果你是这种类型的沟通者,那么你要增强自信,并尝试模仿自信型沟通者的风格(起初你的模仿可能比较拙劣,但长期的模仿会让你形成习惯,从而表现得更加自然)。记住,你的观点也是很重要的。你要设定一个界限,拒绝不合理的要求,这样就不会走向超负荷和怨恨的深渊。

与这类人沟通时,要给他们更多发言机会,并直接询问他们的想法。不要直接忽略他们的想法,也不要故意挑衅,这样做会打击他们的自信心。相反,要让他们保持积极向上的态度。

4. 被动－攻击型沟通者

这种类型既带有被动型沟通者的特征,也有攻击型沟通者的特征。他们从表面上看可能是被动且随和的,但内在可能是攻击性强、易受挫折、负面情绪强的。因此,他们可能会对反对言论过于敏感,也可能摆出高人一等的派头。

这类人在职场中不会非常受欢迎,但你总会遇到这种类型的沟通者。面对他们时,不要以牙还牙,而是要自信、积极地与他们交流。同时,你还要摸清他们的行事风格,例如他们是否只在压力比较大等特定情况下才会显现出被动－攻击型的沟通风格。

5. 控制型沟通者

这种类型的沟通者很少说出他们的真实想法,而是通过谎言、操纵和情绪化的言论来得到他们想要的结果。他们可能会表现得像是两面派，虚伪甚至高高在上。控制型沟通者确切地知道他们想要什么，这一点与自信型沟通者是一致的。二者的不同点在于，控制型沟通者不会直白地表达他们的需求。

如果你碰巧是这种类型，那么可以试着模仿自信型沟通者，更直接地表达你的需求，同时也要认识到，别人的需求与你的需求同样重要。

而面对控制型沟通者时，你可以试着将感性的争论向理性的方向引导。冷静而坚定地坚持你的想法是应对控制型沟通者的好方法。

本章稍后将介绍更多人际交往技巧。

讲故事在沟通中的重要性

20年前，我看了一个演讲，它永远地改变了我做演讲的方式。那个演讲配备了PPT课件，但课件上只有图片和少许数字，没有文字。每放一页课件，演讲者都会讲述一个故事，或者是奇闻轶事，或者是现实世界中的例子。我对这个演讲印象极其深刻，因此我模仿了他们的演说方式，并一直沿用至今。这种方式让我不再惧怕职场中的演讲。

这可能是我第一次意识到讲故事在沟通中的重要性。把故事融入沟通（特别是演讲）能够提升听众的参与感，他们也能更好地理解你所传递的信息。在你引用数字时，讲故事尤为重要，讲故事比说数字更好。这是因为数字不容易引起人们的重视,也很容易被人们遗忘,但故事正好相反。例如,谈到智能联网设备走入千家万户,我既可以告诉你2030年智能设备的预计数量,也可以向你描述一个有关未来智能家居的场景:智能照明设施和智能扬声器都配备了传感器,可以根据你的情绪做出相应调节,智能冰箱可以识别出消耗殆尽的食材并自动下单订货。哪种演讲方式更有趣呢?

企业总是使用这种策略。它们讲述自己的历史和价值观,以此提高员工与客户的忠诚度。政客们也常常讲述自身经历和背景,以此与选民建立情感联系。你可以参考他们的做法,讲好你自己的故事。

❖ 人际沟通技能为什么重要 ❖

人际沟通技能对于职场(和生活)的重要性不言而喻。这里简要概括一下提升沟通技能的好处:

- 近年来,社会对人际沟通能力强的人的需求一直在上升。哈佛大学的研究表明,如今涉及大量人际互动的工作数量比30年前增长了12个百分点,而涉及少量人际互动的工作却减少了。
- 人际沟通技能可以帮助我们说服他人,进行谈判,并更有效地解决冲突。因此,合作离不开沟通技能。
- 沟通与创造力有关。第八章曾经提到,实现想法往往需要别人的帮助。好的沟通者的表达清晰准确,也更受欢迎,因此更容易得到他人的帮助。

● 沟通（尤其是更本能的非语言沟通）有助于建立信任和联系。试想，与一个潜在客户谈判时，如果你的非语言信号表明你毫无兴趣且心不在焉，那么达成这笔交易的可能性能有多大呢？

● 最后，人际沟通是人类所独有的技能（正所谓"人"际沟通）。机器不能完成，或至少不能很好地完成沟通任务。虽然聊天机器人可以轻松地进行直接、浅显的交流，但无法像人类一样进行生动有趣的沟通。

最重要的是，雇主必定需要优秀的沟通者，而我们也必须不断提升自己的沟通技能。如今，居家办公的人越来越多，沟通技能的重要性就更加凸显了。与他人"面对面的时间"越来越少，我们也越来越容易忽视那些非常重要的、维系人际关系的沟通，例如一些令人津津乐道的事件或者是向精心准备演讲的同事传递鼓励性的非语言信号等。每个人都应该重视人际沟通。

如何提高人际沟通技能

以下是几个可以提高人际沟通技能的实用技巧。

给个人的建议

● 考虑你的目标和受众群体。要根据目标和受众群体相应调整沟通方式,包括沟通风格(见本章前面提到的几种沟通类型)和途径(电子邮件、电话、面对面交流等)。所以,先想想你想要实现什么目标(例如你想得到些什么)以及你想让对方采取什么行动,再决定实现这个目标的最佳方法。

● 提高书面沟通技能。用词和语法都很重要,所以在点击发送之前,一定要校对文字,并确保用语清晰简洁。同时,要小心讽刺类的词语,因为这种意思很难恰当地以书面形式表达出来。如果你想传递某种情感,那么可以引用一些表情符号。

● 讲故事。在演讲或作报告等需要交流大量信息的场合,你可以多讲故事,而不是直白地罗列事实和数字。你应该先提炼出最核心的信息,然后想办法用最吸引人的方式将其表达出来,也可以尝试将这些信息与现实生活联系起来,例如这些信息会造成怎样的现实问题,或者证明这些信息的重要性等。总之,要把情感与你所传递的信息联系起来。请记住,要真实,要真诚。这可不是奥斯卡评奖!

● 超额沟通。这是我的经验之谈。即使你认为你已经说得很清楚了,也要再重复一遍甚至几遍。

● 重述信息。会议结束后,你可以以电话、演讲甚至是书面报告的形式快速总结会议的关键点(就像本书每章结尾的本章小结一样),并重申其他人需要采取的行动,然后询问与会者是否清楚以及是否需要补充相关的内容,从而确定他们已经理解了这些信息。

- 放下手机。积极倾听是非常重要的，因此在与会期间，我不会看手机——这是对其他与会者的不尊重。我强烈建议你不要把手机带进会议室，或者在开会时关掉手机。
- 积极反馈。点头、发出类似"嗯"这种鼓励性的声音、进行眼神交流、做笔记、提问都是给予他人反馈的好办法。

给团队的建议

以下是给远程工作团队员工的建议：

- 请回顾第九章就在远程团队中进行有效合作提出的建议。合作和沟通的联系非常紧密。
- 明确远程沟通与面对面沟通的不同之处。如果你习惯与同事面对面交流，但需要现在花费很多时间进行远程工作，那么你更需要明确这一点。你可能需要根据远程工作的情况来调整沟通方式，例如改变会议时间以便适应居家工作节奏，或者缩短会议时间等。例如，集合12个人召开时长一小时的面对面会议可能非常轻松，但同样规模的视频会议就可能困难重重。
- 选择恰当的通信工具。例如，使用即时通信软件进行非正式对话，使用电子邮件进行与工作相关的正式沟通和信息交流，使用项目管理软件进行项目状态更新等。
- 如果有疑问，那就打个电话。有时，打电话比书面交流的效果更好，尤其是当你想表达情感而不是信息本身时。

第十章
人际沟通

- 尽可能多地使用视频聊天功能。音频通话无法传递重要的非语言信号,因此要鼓励其他团队成员多使用视频会议,也要多进行一对一的视频聊天。

- 记住,你在镜头前面。视频通话时一定要时刻注意,别人可以看到你!所以不要伸手去拿你的手机。要注意你的肢体语言和面部表情。要尽可能多地目视镜头。

- 多与他人互动,进行非正式的交谈,就像在办公室里一样。

给雇主的简短建议

以上针对远程工作团队的技巧不仅适用于个人,也适用于企业。技术能极大便利员工之间的远程沟通交流,所以你要购买一些技术平台,还可以规定使用哪种平台进行哪种交流。

请回顾第九章(合作)提出的实用建议,它们能帮助你解决企业内部的沟通问题。

❖ 本章小结 ❖

本章的主要内容有:

- 人际沟通指与他人交换信息、交流感受、表达意思。人际沟通包括口头沟通、书面沟通、非语言沟通以及倾听。非语言沟通是理解意思的主要途径。

● 沟通类型主要分为五种，即自信型、攻击型、被动型、被动-攻击型和控制型。要明确自己和他人的沟通方式，并相应地调整你的沟通方式。

● 人际沟通是备受雇主重视的技能。事实上，近几十年来，社会对沟通等社交技能的需求在持续上升。更重要的是，人类的沟通技能远远超越机器，这种能力将为你未来的职业生涯保驾护航。

● 提高沟通技能的简单方法包括练习积极倾听、超额沟通以便确保他人理解信息、用故事代替冗长烦琐的事实和数字等。远程工作人员必须确保沟通渠道的畅通，尽可能使用视频（以便保留非语言信号），并腾出时间与他人进行非正式的对话。

前面几章经常提到远程工作，因为我认为这是未来工作的重要特征之一。此外，打零工的人和合同工也将越来越多。下面，让我们谈谈这些人应该具备的技能。

第十一章 零工经济

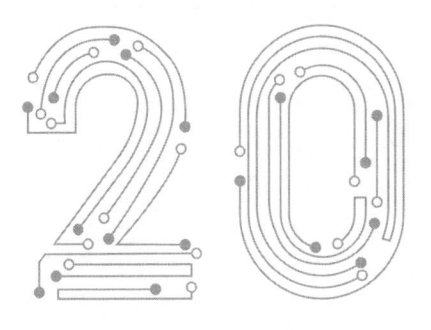

第十一章
零工经济

马修·莫托拉（Matthew Mottola）和马修·科特尼（Matthew Coatney）共著的《人才云》（*The Human Cloud*）一书描述了一种全新的工作方式：人工智能和自由职业经济结合在一起，极大改变了工作的形态。他们认为，传统意义上的全职工作独大将成为过去式，各大企业将雇用更多远程工作的合同工。

我与他们的看法一致，因此我建议大家为未来做好准备，放下作为传统雇员的执念，适应"自由职场人"的全新身份。对于那些仍将以正式雇员的身份为公司效力的员工而言，具有高度灵活性且为自身职业发展负责的自由职业者也是很好的学习榜样。事实上，让每个人掌握一些职场必备技能就是我写这本书的初衷之一（这也可能是你买这本书的原因）。换句话说，如果你认为"零工经济"与你无关，那么我建议你再仔细想想。"零工经济"与每个人都息息相关。

在深入探讨之前，让我们先来聊聊零工经济背负的骂名。零工很容易让人联想到那些收入极低、几乎没有任何保障且被中介公司克扣大额工资的工作。这种工作确实占据了零工的一大部分，但零工经济还涵盖了一部分独立工作、自由工作、项目工作和合同工作。事实上，最普遍的零工工作可能会出乎你的意料（稍后将详细介绍）。未来，"零工经济"一词可能会被一个更恰当的名字取代，比如"项目经济"或简单的"自由经济"等听起来没那么机会主义的词语。本书探讨的"零工经济"指代着各种独立工作。

❖ 零工经济是什么 ❖

你当然知道零工经济是什么。你可能也是零工经济的一分子，比如做一名自由职业者、一位雇主，或者送货上门服务的使用者。但我还是想为这个词下一个正式的定义。零工经济是指独立个人与企业建立的短期合作或从事的自由职业（与固定工作相对）。起初，零工经济的代表性业态是利用互联网平台将自由职业者与服务需求方联系在一起。如今，零工经济涵盖了更多自由职业以及短期工作。

有些人选择独立工作，是因为他们热爱自由。还有一些人在固定工作之余从事一些副业来增加收入，改善财务状况。也有一部分人视打零工为刚需，比如被解雇的失业人员等。

零工都有什么呢？出人意料的是，大多数自由职业者从事着富有创造性的、知识密集型的工作。从全球范围来看，59%的零工是设计、信息技术工作，紧随其后的是多媒体制作、内容写作和市场营销等工作，合计占零工工作的24%。

第十一章
零工经济

零工经济的规模相当惊人。在美国，零工经济的从业者占总工作人口的三分之一以上，且零工经济的扩张速度远远超过美国经济的发展速度。到 2027 年，美国零工从业者的数量将增长到 8600 万，达到美国工作人口的半数以上。英国的个体经营者（包括企业主）数量将超过 430 万人，其中 190 万人是自由职业者。

技术在零工经济的崛起中发挥了重要作用。以优步为例，如果没有连接司机和客户的底层平台，优步就无法运行。技术也为远程工作奠定了基础，进而创造了很多以项目为基础的自由工作机会，其中包括大量知识密集型工作和创造性工作。经济因素也起到了一定的作用，典型事件是造成大量失业及不充分失业的 2008 年金融危机。这一幕在新冠疫情期间再次上演，许多人也开始认识到，正式员工并没有想象中那么稳定。

零工经济正在急速扩张。我对此并不感到惊讶。仔细想想就能明白，这是工作形态的自然进程。朝九晚五、"干到退休的工作"早已一去不复返了。当前的现实是，多数人会先后效力于多家企业，工作时间更加灵活，办公场地不再局限于公司内部，同事可能会来自五湖四海。零工经济只是这种形态的一个延伸，它建立在从业人员会在漫长的职业生涯中换工作、换团队的基础上——未来，一部分甚至所有工作都将不再有永久合同背书（"永久合同"这个名词有些多余，因为很多人都是一份工作只做几年）。

在我为其他公司提供咨询服务的过程中，我注意到不同员工之间的界限正变得越来越模糊。许多企业不但聘用了永久员工，还聘用了很多独立员工。独立员工也会加入企业的团队和项目，并与其他员工合作完成工作。

❖ 零工经济的重要性 ❖

零工经济的从业者众多，因此个人和企业都要认真对待就业形态的变化。

工作无界限

零工经济为自由职业者创造了良好的机遇。传统的就业形态是仅效力于一位（在通勤范围以内的）雇主。以前，技术不够发达，远程工作难以实现，在住处附近找工作且效力于当地雇主是唯一的选择。如今，零工经济不断发展，这种地域界限也随之消失了。你的下一个工作单位可能远在你所在国家的另一边，甚至可能在其他国家。你在选择居住地时无须再考虑"工作方便"等因素。

零工比传统的工作更灵活（第十二章介绍了灵活性及其成为未来必备技能的原因）。独立工作者能够更好地照顾家庭，也更容易迸发出创作灵感。他们也可以选择在效率最高的时间工作，而不是循规蹈矩地朝九晚五。俄亥俄州立大学的数据表明，在工

第十一章
零工经济

作日的 8 小时里，员工能保证工作效率的时长不超过 3 个小时，效率最高的前 10% 员工每工作 52 分钟就会休息 15 到 20 分钟。这些数字不禁让人质疑，朝九晚五、中间休息一小时的工作节奏何以延续如此之久。

独立工作者还可以有选择性地承揽那些与个人兴趣高度契合的项目或者有助于实现个人目标和职业目标的项目。独立工作者可以自由设定理想薪金，因此可能拿到更多工资。在如今这个变幻莫测的时代，独立工作者的收入来源并不唯一，所以即便失去了某个客户，也会有其他客户作为收入来源。相比之下，传统工作者一旦失去工作，就可能遇到极大的财务问题。

当然，独立工作也有不好的地方。独立工作者很难享受到传统工作者拥有的权利和福利，例如最低工资、带薪假期、病假、医疗保险和养老金等。以后，零工工作者很可能会得到更多社会福利（2021 年，英国最高法院裁定优步司机有权享受最低工资和带薪假期）。一些专家认为，自由职业者未来可能享有"便携式福利"，即福利与独立个人挂钩，而与雇主无关。企业会根据独立个人的工作量或工作频率给予个人福利。

总的来说，我认为零工经济的利大于弊。我本人也算是零工工作者，所以我这么说未免有些夸大。但事实上，大多数独立工作者的观点都与我一致。79% 的美国零工工作者表示，做一名独立工作者比从事传统工作更快乐。

尽享全球人才库

零工经济的受益者不仅仅是自由职业者。对雇主而言，零工经济意味着人才库真正实现了全球化。你可以雇用来自世界各地的自由职业者，而不必再局限于本市人或愿意为了工作而搬家的那些人。人们常说，人才是公司最重要的资产。那么，企业为什么要把招聘范围局限在某个地理区域呢？人才库的开放也能提升企业的多样性意识和文化智力（见第十三章）。

此外，企业还能在市场发生变化（例如季节性需求或经济波动）时及时雇用人才，填补人才空缺。来自各行各业的大小企业都能借此保持竞争力，并适应各种市场条件，确保业务的发展。

❖ 如何为就业市场的重大转变做好准备 ❖

让我们来探讨一下个人和雇主如何在零工经济中繁荣发展。

给个人的建议

这一节将为想成为自由职业者以及想成为更优秀的自由职业者的人提供一些提高成功率的实用建议（零工经济迅猛发展，参与者将面临来自世界各地的日益激烈的竞争，因此提高成功率至关重要）。即使你没有在短期内做零工的计划，我也建议你阅读

第十一章
零工经济

这一节的内容，因为自由职业者的创业精神和为个人职业发展负责的态度也会启发传统工作者。

- 零工经济有时变幻莫测，所以你要提高自己的适应能力。第十二章将深入探讨适应性和灵活性，第十九章将探讨接纳变化、管理变化的能力。

- 加强人际沟通，与客户和其他团队成员保持良好的关系。这会为你带来不少回头客。作为一名自由职业者，你应该尽量自信地与他人沟通，明确地表达自己的观点。

- 进行自我推销，因为自由职业者不仅要完成工作，还要能接到工作。第十六章将就建立工作关系和打造个人品牌展开详细讨论。

- 持续学习。技能是零工经济的核心。掌握的技能越多、越新，成功的概率就越大。第十八章将深入探讨持续学习。

- 建立以你为中心的团队。企业员工可能很难控制团队成员的去留，但作为自由职业者，你可以与任何人建立并加强联系。你可以关注那些技能与你互补的人、以积极的方式挑战你的人以及真心实意想拉你一把的人。他们既可以是自由职业者，也可以是你的导师或客户，还可以是任何能让你变成更优秀的自由职业者的人。你还要为自己找好替补，这样当你的工作超负荷时，就可以将部分工作外包给这些人。

- 零工也是一门生意。谁都不愿意做性价比低的工作。因此，要仔细关注你的财务状况，特别是做零工的利润率，确保打零工的财务可行性（在线课程可以帮助你提升商业技能）。尽量保证收入来源的多样性，避免过于依赖某个客户。

- 记录工作内容及进度。它们既是向客户定期反馈的材料，也是向潜在客户宣传的成功经验。记录的形式并不唯一，子弹笔记、记事本、电子表格都可以。但无论以怎样的方式呈现出来，基本逻辑都应该是记录你的时间安排和详细进度。这能帮助你判断哪些做法是有效的，时间是如何花费的，并帮助你搭建一个简单的框架，用作深入研究。

- 找到适合你的时间规划。问问自己，早上是你效率最高的时间段吗？你是夜猫子吗？你喜欢将时间碎片化，短时间高效工作与短时间休息循环交替进行，还是喜欢在某小项目中埋头苦干几个小时？你要明确效率最高的工作模式和时间。保持工作效率对于自由职业者是非常重要的。

- 保持一贯的工作习惯。从理论上讲，自由职业者的工作不受时间、地点的限制。但对于大多数人而言，固定的流程模式效果更好。所以，当你发现什么适合你时，试着坚持下去。这并不意味着你需要像朝九晚五的上班族一样循规蹈矩，但一定程度的秩序性能够让你保持较高的工作效率。同样，你也应该在固定的地点工作，餐桌的一角或最喜欢的咖啡馆的一席位置，都能让你迅速切换到"工作模式"。

- 建立工作关系对于找零工而言至关重要（见第十六章）。除此之外，许多应用程序和网络平台也能将自由职业者与潜在客

第十一章
零工经济

户联系起来。你可能觉得这些网络途径的用处很大,也可能觉得它们只是聊胜于无,但如果你要使用这些网络平台,就一定要及时更新你的个人资料和作品。

- 迈小步子,建立信心。如果放弃现在的稳定工作并从事自由职业会让你感到恐惧,那么你可以先从副业做起。你可能会从中获得全新的技能或者是与现有工作相近的技能,这有可能是你未来转换职业赛道的起点。

一名成功的零工工作者需要具备很多技能。请回顾批判性思维(第五章)、情商(第七章)、合作(第九章)等章节的内容,并研读时间管理(第十七章)以及保持身心健康(第二十章)等章节的内容。

给雇主的建议

未来,独立工作者会越来越多,因此企业必须为员工形式的多样化做好准备。我建议雇主立即着手建立自由职业者关系网,因为即便目前你不会经常招募自由职业者,未来有一天你也可能需要这样做。

当你找到了优秀的自由职业者时,尽你所能留住他们。越来越多的企业将涉足零工经济,因此对顶尖人才的竞争会更加激烈。所以,一定要为最优秀的自由职业者提供有竞争力的薪水和稳定的工作内容,按时支付工资,并对出色的工作予以嘉奖。你应该给自由职业者一些归属感，让他们觉得自己是团队中重要的一员。

我也建议你为独立工作者设计专属的入职流程。你要为他们提供做好工作所需的工具和信息，向他们传递企业的文化和价值观，并将他们介绍给即将共事的同事。管理自由职业者的人必须保证沟通渠道的畅通，并留出时间进行非正式的聊天，这一点与管理远程工作的全职员工是一样的。

同时，尝试为自由职业者提供尽可能多的灵活性。你需要知道，他们的作息可能与全职员工不同。虽然大多数自由职业者更喜欢在家、咖啡馆或专门的共享办公室工作，但住在当地的自由职业者很可能想与全职同事共同在办公室工作一段时间。因此，你可以留出一些公用办公桌，这样自由职业者就可以偶尔来办公室工作一天。

❖ 本章小结 ❖

本章的主要内容有：

● 企业的界限正变得越来越模糊。未来，企业将招聘越来越多的短期员工，全职工作独大将成为过去式。

● 零工经济始于优步等网络平台。如今，零工通常指代各种独立工作、自由工作、项目工作和合同工作。大多数自由职业者从事着富有创造性的、知识密集型的工作。

第十一章
零工经济

- 在美国,零工经济的从业者占总工作人口的三分之一以上,且这个数字仍将增加。个人和企业都应该为此做好准备。每个人都必须掌握在零工经济中繁荣发展的技能。

- 继续从事传统工作的人也可以学习零工工作者的创业精神以及积极主动提升自我并为自己的职业发展负责的态度。

- 灵活性是从事自由职业的最大优势之一。下面,让我们更深入地探讨这个话题,看看为什么每个人——而不仅仅是独立工作者——都要具备适应能力。

第十二章 适应性和灵活性

第十二章
适应性和灵活性

"唯一不变的就是变化。"希腊哲学家赫拉克利特（Heraclitus）的名言可谓一针见血。变化早已是难以逃避的现实了。然而，尽管变化始终存在，许多人仍十分抗拒变化，甚至与变化作斗争。变化令人痛苦，它们把我们从熟悉的安全区带到未知的区域。也难怪很多人一听变化便谈虎色变。

但是未来职场中的变化会越来越多。新技术不断出现，自动化水平持续提升，工作节奏迅速加快，定期出现的大型业务中断、极端天气事件以及全球疫情，都是近年来个人和企业必须应对的事情。回想一下十年前甚至五年前的大致情况，就不难发现这段时间内发生了多大的变化。展望未来，变化的速度只会越来越快。因此，只有培养心理韧性才能游刃有余地应对持续的变化。适应性是心理韧性的关键。

本章将探讨一下如何改变心态，接纳变化。第十九章将进一步探讨应对职场变化的实际做法。

❖ 适应性和灵活性是什么 ❖

适应性是指适应新环境的能力,灵活性则是更高层级的适应性(适应性是可以衡量的,这一点与智商和情商一致。稍后将详细探讨)。如果某个人不能很好地应对变化,就可以说他们的适应性较低。

托尼·亚历山德拉(Tony Alessandra)和迈克尔·奥康纳(Michael O'Connor)在他们合著的《白金法则》(The Platinum Rule)一书中对适应性的描述深得我心。他们认为,适应性由两个部分组成:灵活性和易变性。灵活性是从心理层面界定的,是指对待变化的态度(灵活性强的人也会怀疑或警惕变化。但他们愿意做出改变,这才是问题的关键)。易变性则是从能力层面界定的,是指实实在在做出改变的能力。具有适应性的人既是灵活的,也是易变的,他们愿意并且能够做出改变。

这种对适应性的理解非常人性化,特别是它意味着人们能够自主选择如何应对变化——是否愿意改变都是我们的选择,是否做出改变也是我们的选择。因此,只要愿意努力,每个人都能更好地应对变化。

适应能力强的人有什么特点

在现实生活中,灵活性体现在哪些方面?

第十二章
适应性和灵活性

- 灵活的人看到的是机会,而不是阻碍。灵活的人愿意尝试各种解决方案,而不会死盯着一种方案不放。

- 灵活的人对变化和新想法、他人的观点与经历、不同的文化及价值观持开放态度。灵活的人愿意倾听别人的意见。即使他人的观点会挑战自身的观点和偏好,他们也会欣然接受。

- 灵活的人好奇心很强,也愿意不断地学习新事物(见第十八章)。他们通常具有批判性思维,因为具有批判性思维的人会对各种信息感到好奇,并总能以小见大。

- 灵活的人百折不挠,即使面对艰难的境况也毫不退缩。为此,他们通常能更妥善地应对失败,管理压力,并保持积极的心态。

- 灵活的人可能是有创造力的人,也可能是优秀的决策者和合作者。这是因为面对变化时,你通常需要找到新的解决方案,并与他人一起找到新的做事方法。

- 灵活的人往往拥有很强的人际交往能力,因为想要与他人进行良好沟通,你通常需要相应调整你的沟通风格和方式。因此,灵活的人也具有过人的情商和同理心。

缺乏灵活性的职场人士又有什么特点呢?

- 不灵活的人思想封闭,他们不会接受那些与自身偏好或观点不一致的想法。

- 不灵活的人只想赢过他人,不愿意妥协。

- 不灵活的人一旦认为变化威胁到了他们喜欢的做事方式,

就可能会大加防备。

适应商

智商和情商是可以衡量的，适应商（AQ）也是如此。适应商即人对变化的适应能力的大小。适应商与智商和情商同为成功的重要因素。一些专家认为，适应商是能否在如今这个瞬息万变的职场中取得成功的关键指标。如果将适应性看作一种商数，我们就不难发现，适应能力也可以提升。本章结尾处将讨论提高适应能力的方法。

上网搜索适应商，就能看到各种各样的适应商测试（企业可以利用一些专业工具来评估员工的适应商）。我非常推荐 AQai，这个工具非常强大，能测量并提升适应商。这个工具与其他标准测试的不同之处在于，它使用了聊天机器人进行测试。

❖ 适应性和灵活性为什么重要 ❖

随着技术和自动化的发展，变化会不断加速，工作也会发生转变。新的工作会出现（比如网络主播），而一些工作会永远消失（比如录像带出租店店员）。根据麦肯锡的数据，到 2030 年，多达 3.75 亿人可能需要更换职业并学习新技能。这个变化实在不小。

除此之外，我们还要应对更广泛的全球事件，例如新冠疫

第十二章
适应性和灵活性

情、战争或政治动荡等。我无意危言耸听,只是未来总是难以预测。

提高适应能力为个人带来的好处

适应能力强的人心理韧性更强,能够更加游刃有余地应对不可预知的情况,适应新环境的能力也更强。这几点优势不仅体现在工作中(适应能力是决胜职场的关键要素),也体现在日常生活中。

每个人都会遇到诸多挑战,大到与爱人分手或亲人离世,小到因为新冠疫情而取消假期或者去参加聚会却发现一个人都不认识,等等。强大的适应能力并不能阻止这类事情的发生,但能让人们更轻松地应对挑战,毕竟改变会给人带来压力。适应新环境、学习新技能、改掉坏习惯,都不是容易的事。心理上的灵活有助于缓解新鲜事物带来的焦虑情绪。因此,这是一种非常有用的技能。

也有证据表明,适应能力强的人幸福感和生活满意度较高。这是因为适应能力强的人可以更好地应对那些不尽如人意的事情,还能在各种境遇下找到意义和快乐。换句话说,如果你能坦然接受变化,那么你就更有可能感到快乐和满足。

适应能力强的员工在职场中也更受欢迎。在雇主眼中,他们能够应对不断变化的环境,对各种想法持开放态度,并愿意学习新事物。不论在当前还是未来，这些品质都很宝贵。

提高适应能力为企业带来的好处

提高适应能力对企业有哪些好处呢？如果员工和领导的适应能力很强，那么这家企业就能很好地适应突发事件并且应对新趋势及不断变化的商业模式，也能更从容地应对挑战。直白点儿说，适应能力才是决定输赢的关键。你可能认为"要么适应、要么灭亡"这句话有点儿夸张，但研究表明，很多企业领导者之所以做出失败决策都要归咎于适应能力低，不能摒弃"我们一直是这样做的"的心态。很多企业都因为未能适应不断变化的消费者期望或新技术而走向衰亡，柯达、百视达、黑莓都是其中的典型。这些公司都没能放弃做事的"旧方式"，也不能接受新的商业模式、新的合作伙伴关系，或者本来可以拯救公司的新技术。相反，苹果等公司面对变化时反应速度更快（尽管 iPod 已经是音乐播放领域的畅销产品了，苹果公司仍积极推出了一款能够播放音乐的智能手机），生存能力也更强。

更重要的是，为员工提供灵活的工作环境（包括允许居家办公、工作时间灵活等）将大大提升雇主品牌的吸引力。80% 以上的英国员工认为弹性工作制会增加工作的吸引力。灵活性对千禧一代尤其有吸引力，92% 的千禧一代表示灵活性是他们找工作时首先考虑的因素。

第十二章
适应性和灵活性

❖ 如何提高适应性和灵活性 ❖

下面，我将为个人和企业提出一些实用建议，帮助他们养成更灵活的思维方式，进而提高适应性。

给个人的建议

- 对新的做事方式持开放态度。你可以试着从不同的角度来看问题。还有，要积极倾听他人的意见。

- 学会"忘记"。大胆放弃旧的信息和旧的做事方式，为新信息和新方式腾出空间。在这个快速变化的世界里，昨天还屡试不爽的办法在明天或后天就不一定奏效了。AQai 的创始人说，拥有主动忘记的能力可以使适应能力提升 40%。如果你想精进这项技能，那么你可以积极学习相互对立的观点和行为模式，即使它们可能与你现有的知识相冲突。

- 跟上所在行业的最新趋势。这样，你就更容易对新想法保持开放态度，也更容易发现新的做事方式。

- 试着在家里做一些小小的改变，比如重新布置车库或者改变客厅的布局。这会提醒我们变化有多么令人开心。在工作中，改变定期会议的议程，更改会面地点，甚至是简单的重新整理办公桌也能起到类似的效果。

- 多问自己，"要是……会怎么样呢？"回答这个问题可以帮助你合理地设想未来。例如,"要是工作中的 X 变成 Y 了会怎么样呢?"你要怎样积极地应对这个变化呢?

- 走出舒适区,去有挑战性的地方。例如,如果你总是回避某种社交场合,那就去试一试吧。如果你经常在工作中逃避承担额外的责任和项目,那么你就要推自己一把。培训机会也要积极争取。总而言之,你要来者不拒。积跬步才可至千里。

- 接受尝试新事物可能会导致失败的现实。这是很正常的。失败也是学习的一部分。俗话说得好,尝试后可能会放弃,但千万不能放弃尝试。如果你试着做过某件事(例如改正一种坏习惯)但失败了,那么可以换一种方法,再试一次。

- 注意你周围正在发生的小变化。适应能力较差的人很容易忽略变化。所以,要注意发生在你周围的小变化——同事换了新发型,公司出台了新制度,等等。这样,当更大的变化出现时,你就会更有预见性,不会措手不及。

- 当事情突然发生变化时,不要害怕。对突然的变化感到压力是很正常的,你要做的是应对这种压力。此时,最应该做的就是保持身心健康。第二十章将就此进行深入探讨。

- 保持乐观。事情的发展经常偏离计划。与其对大大小小的失误耿耿于怀,不如试着关注积极面。适应能力强的人通常更乐观,即使在不太乐观的情况下也能设法获得满足感。小小的举动也能带来很大帮助,例如将"障碍"称作"机会"这种言语上的小改变。

第十二章
适应性和灵活性

- 向在工作和家庭生活中经常表现出适应性的人学习。留意他们的行为和语言。你甚至可以问问他们是如何应对变化的。
- 最后,要自信。相信无论你遇到什么事,都能取得成功。

第十九章将告诉你更多有关管理变化的实用策略。

给雇主的建议

商界领袖们,请振作起来。你要建立一种崇尚适应性和灵活性的企业文化。为此,你要下大功夫,而我推荐你先就灵活的工作安排与员工展开讨论。具体的做法有很多,可以是允许远程工作,也可以改成每周工作四天,还可以重新布置办公区,打造一个更灵活的工作空间——你可以开辟一个区域,供员工召开非正式会议以及合作工作时使用,甚至可以设置一部分站立式办公桌。这些举措都能让员工保持更灵活的工作心态。

我认为,灵活性的重要部分之一是赋予团队以自己的方式实现目标的自由。为了达到这个目标,领导必须明确企业的目标和价值观,因为只有这样,团队和个人才能确定最佳的工作方式。有了自由,员工就能更创造性地思考,也会勇于放弃"旧的方式",尝试新鲜事物——当然,想做到这一点,你就不能害怕失败。换句话说,你所建立的企业文化应该视失败为学习的机会。

你肯定会遇到一些抵制改变的员工和团队。第十九章将深入探讨管理改变的实用策略,但从心理角度来看,员工只有理解了改变的必要性，才会更愿意接受改变。你要向他们灌输改变带来的好处，例如改变将如何简化工作并提升工作质量等。

当员工表现得没那么灵活时，倾听他们的心声，并与他们共情，同时再次向他们强调改变的必要性。你还要分辨出哪些工作要素更容易发生变化，例如，软件经常有变化，但健康和安全协议往往不会变（发生流行病时当然会变！）。有时候，只要预先警告人们某事即将发生变化，就能帮助他们在变化发生时做出更积极的反应。

最后，发现适应能力强的员工和团队时，一定要给予赞赏和嘉奖。

❖ 本章小结 ❖

概括一下有关适应性的要点：

● 新技术不断出现，自动化水平持续提升，变化的速度也将越来越快。一些新工作会出现，而一些工作会永远消失。到2030年，可能有多达3.75亿人需要更换职业并学习新技能。

● 面对如此多的变化，我们都必须培养心理韧性，才能游刃有余地应对持续的变化。适应性既体现在工作中（适应能力是决胜职场的关键要素），也反映在日常生活中。

● 适应性由两个部分组成：灵活性和易变性。灵活性是从心理层面界定的（对待变化的态度），易变性则是从能力层面界定

第十二章
适应性和灵活性

的（实实在在做出改变的能力）。适应能力强的人既灵活又易变，他们愿意并且能够做出改变。

● 智商和情商是可以衡量的，适应商也是如此。适应商同样可以提升。培养灵活思维并提升适应能力的方法有很多，其中包括跟上所在行业的趋势和变化、走出舒适区、保持乐观等。

如今，职场更加重视多样性、公平性和包容性。这就引入了下一个关键的未来技能：多样性意识和文化智力。

第十三章　多样性意识和文化智力

第十三章
多样性意识和文化智力

我们经常听到"真实"的品牌以及"真实型"企业领导者,殊不知做"真实"的自我也非常重要。在职场中,每个人都应该做真实的自我,并且不应该因此而受到歧视。然而,这个目标并不容易实现。企业需要认可并鼓励每个人的差异性,包括文化的差异性等。理想的企业应该反映出社会的多样性。

年轻时,我离开了我的家乡德国,去英国学了一年英语。那时,我对文化多样性有了较为深刻的认知。从表面上看,德国的生活和英国的生活并没有太大的不同,但从本质上来讲,二者的区别是非常大的:吃喝、幽默感、对天气的痴迷、排队时非常有耐心(根本没有英国人插队),等等。后来,我去中国香港住了一段时间,在那里感受到了更大的文化冲击。这两次经历告诉我,不同的社会存在着许多美妙的差异性。

近来,一些企业的差异性表现得越来越明显。因此,我认为,多样性意识和文化智力是一项重要的未来技能。

❖ 多样性意识和文化智力是什么 ❖

多样性指人与人之间的不同之处,包括种族、性别、文化、年龄、宗教政治信仰、社会经济地位、能力、缺陷等。

不同文化背景的人们很容易发生冲突和误解。眼神交流就是一个很好的例子。在我的文化中,眼神交流象征着尊重,代表着高度关注。而在其他文化中,眼神交流可能具有攻击性,甚至带有性暗示的意味,因此与对话者进行持续的眼神交流是粗鲁且不当的。这样的例子还有很多。我们不应该假装每个人都是一样的,也不能无视差异的重要性。差异性是非常重要的,正是人与人之间的差异才导致了偏见和歧视。为了创建更公平的世界和企业,我们要尊重人与人之间的差异,而不是抹杀差异。

意识到差异是第一步

简而言之,多样性意识是一种对多样性的基本认知,即认识到职场和社会变得越来越多样化以及多样性是一件好事。

文化智力是与来自不同文化背景的人建立联系并在具有多样性的环境中高效工作的能力。文化智力与智商和情商一样,也是决胜职场的重要因素。文化智力也是能评估与提升的,本章稍后将就此进行深入探讨。

文化智力包含了多样性意识,因为文化智力高的人不仅具有

第十三章
多样性意识和文化智力

多样性意识,还能与来自各种文化背景的人建立联系。与文化智力相关的技能和能力包括:

- 好奇心强,持开放态度,运用批判性思维;
- 具有同理心,情商高;
- 与他人融洽合作;
- 有效沟通;
- 能够按照需要改变行为。

这样来看,本书介绍的许多技能都有助于提高文化智力。同样,文化智力也有助于优化其他技能。

多样性、公平性和包容性

仅仅关注"多样性"可能不够全面,因此更多企业将以多样性、公平性和包容性(DEI)为目标。多样性指人与人之间存在不同之处,公平性指为背景不同的人提供平等的机会和待遇,而包容性指给人们归属感和被重视感,让他们觉得自己受人欢迎,自己的话语有一定的分量,自己能够参与决策。换句话说,具有多样性的企业不一定同时具有公平性和包容性,例如一家企业不能给予每个员工同等的晋升机会,或者让员工不觉得被重视或被尊重等。

在这里,我想特殊说明一下,虽然本章的标题是多样性意识和文化智力,但是领导层也不能忽略企业的公平性和包容性。因此，本章提到的"多样化"企业是指同时具有多样性、公平性和包容性的企业。

❖ 多样性意识和文化智力为什么重要 ❖

世界变得越来越小了，人与人之间的距离也越来越小了。许多人每天都会遇到与自己的文化背景和生活经历不同的人。我本人会与世界各地的企业合作。即使你所在的企业不是跨国企业，你的同事和客户通常也会有很多不同之处，例如文化、年龄、种族、经济状况等。

如果你想在 21 世纪的职场中取得成功，想成为高效的团队成员、强有力的沟通者、优秀的领导者、高情商的同事，那么跨边界的合作（既可以是跨越地理边界、文化边界、政治边界，也可以是跨越其他边界）以及本书中提到的其他技能都是必不可少的。跨边界合作甚至可能影响找工作的成功率（稍后将详细探讨）。

对企业而言，保证多样性是一种道德义务。另外，多样性也是企业的营销亮点。但多样性为企业带来的好处远不止于此。

多样性能提升企业效益。大量研究证实了这个观点，其中包括波士顿咨询集团的一项调查研究。该项研究指出，多样性和企业创新能力是显著相关的（从创新收入的角度来看，拥有多样化管理团队的公司比多样化程度不及平均水平的公司高出 19 个百

第十三章
多样性意识和文化智力

分点)。也有证据表明,女性领导较多的企业利润更高(30%的高层领导由女性担任的企业的盈利能力比平均值高15%)。另外,时间越长,多样性与财务表现之间的相关关系越明显。从大体上看,多样化程度越高,企业的财务表现就越好。

总的来说,员工和领导层的多样化程度越高,企业越有可能取得成功。这在很大的程度上是因为多样化的团队能够产生更广泛的观点和想法。同样,这里谈论的不仅是种族、文化和性别上的多样性,还包括年龄、政治信仰等。人才的多样性造就了企业的创新性及适应性——多样化的员工能够产出更具有包容性的产品和服务,从而更好地为客户服务。

多样性是一种资产,但它也带来了一些问题。在一项覆盖了68个国家企业高管的研究中,90%的高管认为"跨文化"管理是跨境企业面临的最大挑战。因此,企业需要具有多样性意识且文化智力高的员工。

一些雇主甚至在考虑将文化智力纳入对应聘者的考核之中。牛津大学的一项提案要求应聘者具有多样性、公平性和包容性(校方可能会询问应聘者的前雇主,以便了解应聘者的多样性情况)。该提案招致了多方批评,但从中我们确实可以看出,文化智力正迅速成为一种必备技能。

雇主会考量应聘者的多样性意识。同样,应聘者也想为具有多样性的雇主效力。这一点在年轻员工中体现得尤其明显:79%的应届毕业生将雇主具有多样性视为"非常重要"的选择标准。

怎样提高文化智力

读到这里,你已经可以认识到职场的多样化发展及其好处了。这是意识方面的一大进步。那么,怎样提高与具有不同文化背景的人合作的能力呢?

让我们先研究一下个人怎样提高文化智力,再就雇主展开讨论。

给个人的建议

- 记住,文化是平等的,没有哪种文化是优于其他文化的。我们有不同的文化信仰、宗教信仰、政治信仰等,但大多数人都有同样的渴望:我们都想体面地生活、做好工作、快快乐乐、组建家庭(形式不唯一)、有遮风挡雨的房子、有一定的资产、有朋友和亲人,等等。
- 培养自我意识,认识到各种可能会限制视野或塑造行为的偏见。问问自己,文化背景对你的世界观产生了怎样的影响。你还要考虑一下企业里可能存在的偏见。
- 对别人的观点充满好奇心,并与经历不同、信仰不同的人交谈。
- 练习积极倾听。好的倾听者可以理解他人的观点,也会不断丰富自己的知识。

第十三章
多样性意识和文化智力

- 博览世界各地的信息。我从印度、俄罗斯、中国等国家的新闻和广播中了解了其他文化看待世界的方式。其他国家的电影和书籍也能拓宽眼界。

- 看一些与你的信仰或观点相悖的电视节目和文章。例如，如果你带有自由主义者的政治倾向，可以多看看福克斯新闻。这些新闻可能不会改变你的政治信仰（甚至有可能强化你的政治信仰），但可以让你知道另一些人的想法。

- 参加其他教派的宗教仪式。

- 如果可能的话，让自己沉浸在不同的文化和观点中。例如，当你出国旅游时，多出门走走，逛逛当地的市场，乘坐公共交通，深入了解当地的文化（这种体验比阅读更加直接有效）。如果你有机会到当地人的家里坐坐就再好不过了。

- 努力培养本书介绍的其他技能，例如同理心、适应性和合作等。

给雇主的建议

- 确保你的企业员工具有多样性。

- 如果你的企业还没有做到这一点，那么就要先让领导层具备多样性意识和文化智力。这样一来，这些技能的重要性就能渗透到企业的全体员工。

- 所有领导者都应该认识到自己的文化技能，手下管理着多国员工的领导者更要有清晰的认知。

- 开展文化智力测试,评估企业的文化智力。测试中可以包含以下问题:企业代表了哪些文化?还缺失哪些文化?员工是否适应多样化的企业环境?
- 制定专门策略,用来提高整个企业的文化智力和多样性意识。你可以考虑为员工增设多样性培训(这些都应该是公司 DEI 战略的组成部分。DEI 战略还应该包括上报多样性数据等举措)。
- 将文化智力和多样性意识纳入对应聘者的评价指标,例如要求应聘者举例说明在之前工作中体现出的文化智力。
- 将多样性意识和文化智力纳入绩效考核。
- 赞美并嘉奖值得鼓励的体现文化智力的行为。

❖ 本章小结 ❖

总结一下关于多样性意识和文化智力的要点:

- 多样性指人与人之间的不同之处,包括种族、性别、文化、年龄、宗教、政治信仰、能力、缺陷等。
- 近来,一些企业的差异性表现得越来越明显。因此,每个人都要有多样性意识,并努力提高文化智力。
- 多样性意识是一种对多样性的基本认知,即认识到职场和社会变得越来越多样化以及多样性是一件好事。文化智力是与来自不同文化背景的人建立联系并在具有多样性的环境中高效工作

第十三章
多样性意识和文化智力

的能力。

● 世界变得越来越小了，每个人都会接触更多的跨边界合作（既可以是跨越地理边界、文化边界、政治边界，也可以是跨越其他边界），因此这些技能非常重要。此外，多样性能促进企业创新，提升财务表现。

● 提高文化智力的方法有很多，包括培养自我意识，沉浸在不同文化中，博览世界各地的信息，等等。

我认为，尊重他人、与各种文化背景的人和谐相处是道德高尚之人以及成功企业家的基本能力。接下来，让我们讨论一下伦理道德及其对企业运营的重要性。

第十四章 道德意识

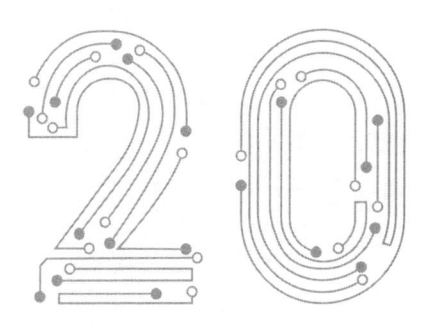

第十四章
道德意识

道德是一个耳熟能详的词。大多数人都有自己的一套原则和价值观。尽管道德"准则"难以罗列出来,但是每个人都能分辨道德与不道德的行为。

为什么把道德意识归为一种未来技能呢?部分原因是工作的性质正在发生变化。数字化转型和第四次工业革命掀起的技术浪潮带来了全新的伦理问题——想想与基因编辑、人工智能、个人数据泄露有关的那些耸人听闻的故事吧。此外,在今天,不道德的事件将造成巨大的负面影响,丑闻在互联网上的传播速度会超乎你的想象。

本章将谈到,企业越来越重视伦理道德,也越来越希望雇用那些能够解决道德问题的员工。

❖ 道德意识是什么 ❖

道德伦理就是你的道德准则或价值观。道德意识就是在工作和生活中认真做出选择,并怀揣善意行事。从这个角度来看,道德意识涉及以下问题:

- 什么是对的？什么是错的？
- 我怎样才能过上美好的生活？
- 这样做会伤害别人吗？
- 企业如何在不伤害个人、社会和地球的情况下取得成功？
- 企业如何改善个人的生活质量和社区的环境，让世界变得更美好？

每个人对"道德"的界定都不一样

道德准则是人们思考道德问题及做决策的工具。如何看待堕胎和死刑，吃什么东西，买哪些商品，都受道德准则的影响。

对于堕胎和死刑等问题，道德不一定能让我们得出明确答案，这是因为不同人对道德"正确"的看法不同，而且有些问题确实难以界定是对是错。道德伦理只是一种框架，我们在这个框架的约束下，自行判断事物的对错。

尽管人们对道德行为的界定不同，但是哲学家们仍然提出了若干统一的道德伦理理论来辨别是非。例如，"美德伦理学"认为道德的行为应该体现出同理心和勇敢等美德（美德伦理学将嫉妒、自私等特征归入不道德的范畴）；"功利主义"伦理学追求尽可能地放大幸福，减少痛苦。

虽然具体情况可能因人、因理论而异，但是道德伦理的终极考量都是保护他人的利益，且不为了自己的欲望而损害他人的利

第十四章
道德意识

益。也就是说，一个道德的人不能只考虑自己，还要考虑公众的利益。

企业的道德

作为指导决策和行为的原则，道德对于企业也非常重要。讲道德的企业会说实话，履行对客户和员工的承诺，尊重他人，对自己的行为负责，并以造福大众为目标。不道德的企业则唯利润至上，为了利润甚至不惜损害员工、客户、社会和全世界的利益。

因此，企业的道德意识始于考虑企业决策对客户、员工和其他利益相关者的影响（我认为环境也是企业的利益相关者）。此外，道德意识还包括企业的价值观、信仰和文化。以更宽泛的视角看，企业道德通常意味着遵守监管准则要求。某些法律规定了企业的行事方式，例如反欺诈的萨班斯·奥克斯利法案（Sarbanes Oxley Act）、环境保护法、最低工资法、健康和安全法等。

在统筹考量以上内容的基础上，企业道德的最佳定义可能是规范企业及其员工的价值观、信念、决策和行为的系统。道德应该渗入企业的方方面面。领导层要率先定下企业的道德基调，再将这种基调渗透到各个层级，让每位员工都明辨决策和行为的是非对错。

未来技能

技术与道德

新技术造成了一些棘手的伦理问题。举几个例子：人工智能技术带来了重大的伦理挑战，例如数据偏见和数据隐私（见第二章）以及委托机器做出重要决定（比如让机器做出关乎生死的医疗决策）等；基因编辑也造成了诸多伦理困境，比如由谁决定哪些基因特征是正常的，哪些是不正常的，又如基因编辑是否会导致社会对与众不同的人的接受程度下降，等等。

工业需要有道德意识的人，这些人能够引导工业的正确发展，确保技术服务于大众利益。因此，越来越多的企业开始雇用伦理学者。这里说的企业不局限于科技公司。美国陆军人工智能特别工作组有一名首席人工智能道德官，负责就人工智能的道德性向军方提供建议。如果你对此感到惊讶，可以思考一下人工智能系统对无人机攻击决策（例如攻击目标点）的潜在影响。机器在这类决策中应该扮演怎样的角色？我们应该如何平衡人工智能的高效率与人类的道德责任？所有企业都会面临类似的问题，比如"怎样在不伤害员工、客户和其他利益相关者利益的前提下，最大程度地利用人工智能？""这样使用人工智能是否侵犯了个人的隐私权？""这样做能否为客户提供真正的价值？"等。

综上所述，尽管道德伦理早已不是新鲜事，但是我预计，未来，人们将下大力气挖掘新技术的潜在用途并应对新技术的潜在影响，因此道德伦理的重要性将进一步提升。

icon: Web, Smartphone, and Mobile Apps/App Web Multi-color.svg

第十四章
道德意识

❖ 为什么道德意识一直很重要 ❖

随着新技术的不断发展，道德意识比以往任何时候都更加重要。企业一旦走上歪路，就会犯下重大错误，因此企业要尤其重视道德意识。

很多企业都曾经误入道德歧途，原因不外乎财务问题、雇用童工、虐待员工（甚至客户）、歧视、暗箱操作等。

曾经有一段广泛流传的视频记录了美国联合航空公司的不道德行为：一名浑身是血的乘客被航空公司拽下飞机，只因为航班超额售票而他拒绝下机。尽管该公司确有权利要求多余的乘客下机，但工作人员的粗鲁行为以及之后毫无悔意的道歉给这家公司贴上了不尊重客户的标签。声誉受损对公司产生的负面影响可能是巨大的。视频发布后不久，该公司的市值就蒸发了 2.5 亿美元。

艾克菲公司（Equifax）数据泄露事件也是典型例子。当时，1.48 亿客户的个人数据被黑客窃取，但该公司甚至在事故发生两个月后仍然在隐瞒此事。这个惊天丑闻最终导致该公司同意支付高达 7 亿美元的赔偿。英国快时尚网络零售商 Boohoo 也卷入了工厂工作条件的丑闻，之后该公司的股价几乎下跌了一半。

道德丑闻何以产生如此大的财务影响？在我看来，这是因为人类厌恶虚伪。企业总是宣扬自己在"践行价值观"和真诚做事。因此，当我们看到的与企业所做的不一致时，我们就会为这个企业打出差评，对此企业的投资意向也会骤减。事实上，43%的消费者会因为企业的不道德行为而停止购入企业的股票。

从雇主品牌的角度来看，道德同样很重要。每个人都想效力于讲道德的公司。73%的人只会为与自己价值观一致的企业工作；82%的人宁愿在讲道德的公司工作，也不愿意拿着更高的薪水为一家道德有瑕疵的公司工作。换句话说，讲道德的企业更有可能吸引到顶尖人才。

综上所述，道德对企业很重要，对想要走向职业成功的个人也很重要。企业想雇用具有强烈道德意识、能够时刻牢记道德价值观的人也是顺理成章的。因此，提高道德意识是明智之举。

更重要的一点是，道德意识可以帮助你践行自己的价值观，并忠于对你来说重要的事情。它可以帮助你应对工作和日常生活中遇到的难题，并做出适合你的决定。

❖ 如何提高道德意识 ❖

在讨论企业如何提高道德意识之前，让我们先给个人一些建议。

给个人的建议

- 首先，明确自己的价值观。什么对你来说很重要呢？哪些

第十四章
道德意识

个人素质是重要的？你希望自己成为怎样的人？希望别人怎样看待你？这些问题的答案是一切的基础。

- 然后问问自己，你是否遵循了自己的道德准则？
- 研究道德。道德准则因人而异，因此耐人寻味。你可以就道德伦理展开深入研究，并涉猎不同思想流派的研究成果。这可以帮助你形成自己的道德准则。
- 锻炼同理心。站在他人的角度看问题可以帮助你做出道德抉择。
- 帮助他人。你可以做志愿服务，进行慈善捐款，也可以做一些小事，比如在拥挤的火车上为人让座等。
- 尊重他人的权利、价值观和信仰。强迫他人同意你的观点是不道德的——即使你认为你的所作所为是为了他们好。
- 不要把你的道德准则强加给别人。记住，每个人的道德准则都不同。
- 遵守承诺。
- 就职前，确保公司的价值观与你自己的价值观一致（要运用批判性思维，见第五章。试着去看事物的本质，不要被自己的想法左右）。
- 熟悉所在企业的道德准则，这样你就可以遵循原则行事，也能界定他人的不道德行为。如果你认为雇主的某些行为是不道德的，那么你应该向上级领导陈情。

给雇主和领导层的建议

● 如果你的企业还没有制定有关员工工作及客户合作的道德准则，那么你要抓紧做这件事。道德准则因企业而异，但好的道德准则应该包括诚实、透明、尊重他人和负责任地行动。道德准则应该体现出你所推崇的行为，而不是列出那些你不想见到的行为。

● 在入职培训中增加道德准则培训，让新员工明确公司的价值观。

● 确保所有领导者按照道德准则行事。价值观是耳濡目染的，而不是教出来的。因此，领导层希望别人怎么做，他们自己就要怎么做。此外，领导层还应该具备诚实、透明等宝贵品质。当员工看到领导层遵循企业价值观行事时，他们才更有可能以道德的方式行事。

● 决策时，要考虑道德层面的因素，综合考量决策对员工、客户和其他利益相关者的影响。

● 鼓励员工报告不道德的行为，并建言献策。某些员工可能需要就如何处理和调查道德投诉接受培训。

● 员工要为违反道德准则的行为付出代价。必须对跨越道德界限的行为追究责任。企业对性骚扰等严重违反道德准则的行为可以采取零容忍的态度，而对其他行为则可以视情况而定。

● 嘉奖道德行为，例如在集体会议上对尊重他人的人给予表

第十四章
道德意识

扬，或者给行事正派的员工一定的奖赏。

● 思考新技术产生的道德伦理问题，尤其是人工智能技术和与个人数据有关的技术。每家企业都应该制定相应的道德准则。

● 当事情没有按照预想中发展时，以道德的方式处理危机。遇到问题时，要开诚布公，要向利益受损的人道歉认错，并采取相应的措施，避免同样的事情再次发生。

❖ 本章小结 ❖

本章的主要内容有：

● 道德伦理是指导决策、规范行为的道德准则。不同人对道德"正确"的看法不同（另外，有些事情确实难以界定是对是错。不是所有问题都有明确的答案）。道德伦理只是一种框架，我们在这个框架的约束下，自行判断事物的对错。

● 道德意识与以往同样重要，甚至如今更加重要，因为新技术带来了诸多道德问题。此外，当企业做出违背道德的行为时，可能会遭受巨大的负面冲击——这不仅会影响其市值，还会影响其客户忠诚度和雇主品牌。

● 对个人来说，道德意识很重要，因为雇主将越来越重视这种至关重要的技能——事实上，越来越多的公司聘用了伦理学者。道德意识的重要性也体现在它将帮助你确定并在职场内外践行自己的价值观。

- 提高道德意识的实际方法包括确定自己的道德准则，评估你是否在现实中遵循这些原则，以及以同理心、诚实和无私待人。找工作时，要找与你价值观相似的公司。

讲道德的企业离不开讲道德的领导者。对于领导者而言，正直是一项至关重要的技能。不够正直的领导者很难赢得员工的尊重（这一点不但适用于企业界的领导者，也适用于政治界的领导人）。下一章将就好领导者的品质展开探讨。

第十五章 领导技能

第十五章
领导技能

需要掌握领导技能的可不只是企业的领导层。21世纪职场的特征包括分布式团队、多样化程度加深、人类从重复性工作转向创造性工作、零工经济、灵活的组织结构等。在这样的职场中,普通员工也将承担起领导项目或整个部门的职责,因此同样需要掌握领导技能。

❖ 如今,作为领导者代表着什么 ❖

通用电气前首席执行官杰克·韦尔奇(Jack Welch)在《取胜》(*Winning*)一书中写道:"成为领导者之前,成功就是培养自己。成为领导者之后,成功就是培养别人。"这句话诠释了领导者的角色。处于各种层级的优秀领导者(包括首席执行官、高管、部门经理和项目领导者)都能让其他员工受益匪浅。这与领导者的权力无关,只与为别人服务有关。只有考虑其他团队成员的利益,领导者才能团结成员,带动大家共同为企业目标奋斗。

作家兼出色演讲家西蒙·塞内克(Simon Sinek)将做领导者比喻为当父母,这引起了我的共鸣。这句话非常恰当。领导者需要关心他人的情况与福祉——领导者的工作就是帮助他人成长，让他们变得更优秀。

领导者是使他人成长的人，这是一个简单的定义。领导者需要具备很多技能，本书已经探讨过一些（包括沟通、合作、创造力、决策、灵活性、情商、文化智力、道德等）。因此，领导技能是多种技能的集合体，这与其他章节的技能略有不同。本章将探讨优秀领导者应该具备的多种品质，并重点关注那些其他章节没有提到的品质。

在讨论具体的技能之前，让我们简单聊聊"天生的领导者"。领导能力真的是与生俱来的吗？在某种程度上，是的。幽默感、个人魅力等优秀领导者应该具备的某些特征确实是与生俱来的。但研究表明，这些先天特征只占领导能力的一小部分。一项针对双胞胎的研究发现，只有30%的领导能力是先天的。换句话说，大部分领导技能都可以在后天进行学习并提高。因此，每个人都能成为优秀的领导者。在21世纪的职场中，更多的人需要具备领导能力。

这一点非常重要，因为人们通常认为领导能力只与首席执行官和高层领导有关。但如今，零工经济兴起，许多公司采用了更扁平、更灵活的组织结构，因此领导能力与越来越多的人息息相关。你带领的项目可能需要协调多名团队成员共同完成；你可能是一名零工工作者，需要与其他零工工作者合作完成工作；你可能是一名传统意义上的领导者。无论你的头衔是什么，这种能带

第十五章
领导技能

领他人进步的能力都是至关重要的。因此,每个人都应该培养领导技能。

西蒙·塞内克在《领导者最后吃饭:团队成员团结一心的秘诀》(*Leaders Eat Last: Why Some Teams Pull Together and Others Don't*)一书中写道,"如果你让别人梦想得更多,学习得更多,做得更多,掌握得更多,那么你就是一个领导者。"领导者不是一种职场头衔,而是所有能激励他人成长的人。

必须掌握的重要领导技能有哪些

领导风格有很多种,但优秀的领导者通常都具有某些共同的品质。上文曾经说到,领导者需要具备本书谈论的许多技能。在这里,我将介绍几种上文未涉及的领导技能。下面这个技能清单不能面面俱到,但我觉得以下品质对于一名领导者而言是最重要的,具体包括:

- 激励他人;
- 发掘他人的潜力;
- 值得信任;
- 勇于担责和放权;
- 战略思维和规划;
- 为每个人设定目标和期望;
- 给予和接受反馈;

- 团队建设；
- 乐观积极；
- 真实可靠。

让我们逐个讨论一下。

激励他人

一个领导者所能做的最有影响力的事就是最大限度地激发别人的潜能，引导他们走向成功，进而实现公司的愿景。这是领导者肩上的重担。平日里，领导者需要给员工布置任务。有些领导者不擅长放权，对于他们来说，布置任务的难度不低。好在员工也希望从工作中得到同样的事情：他们想要有条理，想要感受到自己的重要性，想要因为出色的工作而得到认可。只要你能给他们这些，你就能更轻松地扮演领导者的角色。

以下是具体做法：

- 确保员工知道他们的工作对于企业愿景的推动作用，了解自己工作的价值。
- 当涉及特定的任务时，要清楚地知道任务的内容、目的及时间要求。
- 给员工自主权，让他们用自己的方式完成任务。如果你曾经被他人微观管理过，你就会非常清楚微观管理有多打压员工的积极性。

- 向员工表达你的欣赏之意，褒奖他们的出色工作。私下或公开向他们表达赞赏、举行团队庆祝活动，都是激励员工的好方法。

发掘他人的潜力

优秀的领导者不能只看到员工的表现，更要敏锐地看到员工的潜力，并给员工机会来充分发挥自身潜力。当然，每个团队成员的潜力都是不同的，要让每个人发挥自己独特的优势。以下是具体做法：

- 不要总是要求他人像你一样思考和行动。如果你想利用他人的个人优势，就必须鼓励他们以自己的方式思考和行动。做真实的自己是释放潜能的好方法。

- 帮助员工提高批判性思维能力和决策技能。你可以鼓励他们思考某些决策的可能结果以及对各种利益相关者的影响。

- 鼓励员工承担风险，走出舒适区，实践新想法（要想真正实现这一点，就要让员工知道有些失败是可以被接受的）。

- 建立高效能团队。这是因为，当一个人的周围都是优秀的人时，他的潜力更有可能得到提高。

- 不要助长他人的自满情绪——始终鼓励他人提高技能，并放眼未来职业生涯。

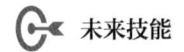

值得信任

不能赢得他人信任的人不可能激励他人多做、多成长。要长久地赢得他人的信任需要付出很多代价,但这对于一名领导者而言又是必不可少的。在业务中断、变化频发、时局不稳定的时期更需要备受他人信任的领导者来主持大局。

那么,什么样的领导者才值得他人信赖呢?

- 符合道德标准,包括诚实、透明、遵守承诺、言行一致等。
- 明确并践行个人价值观。
- 坚持自己的信仰,不要随大流。
- 做一名优秀的倾听者,让他人感受到你的关心(别人通常会认为,这种人会做正确的事情,也会考虑他人的利益)。
- 直面难题,不要假装无事发生。

勇于担责和放权

领导能力的一大内在组成部分就是授权。我喜欢把责任分为两部分,一部分是委派责任,另一部分则是承担责任。承担责任意味着:

- 知道哪些责任可以委派他人,哪些不可以。
- 有承担责任的意愿。
- 勇于承担责任,不把责任推给别人。

第十五章
领导技能

- 建立值得信赖的形象。

在有效授权方面：

- 记住，授权能给他人带来提升技能的机会。如果你不向他人授权，他们就没有机会学习提升。

- 发挥团队的优势，有针对性地分配责任。谁拥有能达到预期结果的特定技能？

- 明确预期目标，然后给他人自由和自主权，让他们自己决定怎样做工作。对新的想法和新的做事方式保持开放的态度——你的方式并不是唯一可行的方式。

- 确保人们具备取得成功所需的知识、资源和工具。

- 不要进行微观管理，但要明确如何监控他人的进度。例如，你可以规定他人向你汇报的方式和频率，以及他们提出问题的方式。

- 定期反馈，对优秀的员工予以表扬，并及时采取措施纠正偏离计划的情况。稍后将就给予和接受反馈进行深入探讨。

- 重新阅读此前介绍的激励他人的内容。多激励他人，就能更有效地进行授权。

战略思维和规划

第五章曾经谈及，在如今这个信息过剩的快节奏世界中，批判性思维对各个层级的员工都非常重要。战略思维意味着应用批判性思维技能，以便获得更广泛的视角，解决业务问题，并为未来制订长期计划。

这也是领导者应该做的事情。领导者要有大局观，眼光要长远，不能只看眼下，也不能只考虑自己的工作和责任。事实上，考虑到工作性质的迅速变化，我认为这不仅是领导者应该掌握的技能，更是每个人都要培养的重要技能。

锻炼战略思维的方法有：

● 分辨紧急事件和重要事件。紧急事件会占用大量时间和精力，还会挤占解决重要事件所需的时间和资源。不断提醒自己抓紧处理优先事项，并做好时间管理。

● 通过有效授权，为自己留出时间进行战略性思考。一旦陷入日常的琐事中，就很难识大局了。

● 提出战略问题，这些问题能让你发现新机会，明确应对挑战的方式并提前思考。比如，你可以问问自己："未来几年的发展将来自哪些领域？"

● 运用批判性思维来收集数据，并找到战略问题的答案。不要基于假设或直觉来回答战略问题。

● 寻找其他人难以发现的联系和模式。

● 不要害怕担了风险又没有回报。想取得成功，就必须直面失败。这会让很多人感到不舒服，但这是实现宏伟目标的必经之路。

● 集思广益。第十三章曾经说到，思想上的多样性是一件好事。

第十五章
领导技能

为每个人设定目标和期望

设定目标是提高表现的好方法。之前，设定目标的方式通常是自上而下的，由领导层设定公司的战略和管理目标，由经理为团队和个人设定目标，频率可能是每年一次。但我建议你采用更动态的设定方法，也就是所谓的 OKR 方法（目标和关键结果）。谷歌等公司使用了这种方法。

我建议你更深入地学习 OKR 方法。此处，我想简要概括一下 OKR 方法的中心思想：

● OKR 需要制定简短的、鼓舞人心的目标，每个目标通常有 2 到 5 个关键结果（可量化的成果）。换句话说，目标是你的最终目的，而关键结果是向最终目的行进途中的重要节点。

● 个人和团队的 OKR 不应该采取自上而下的制定方法。公司的战略 OKR 应该由管理层制定，团队和个人的 OKR 应该由自己制定并服务于公司大局。

● 我推荐 OKR 的原因是该方法非常鼓励团队合作。在 OKR 方法中，每个人的重要作用都很容易被理解，每个人都在朝着一个共同的目标前进。

● OKR 越简单明了，效果越好。不要一年才制定一次目标。OKR 方法通常需要按月或按季度制定目标，这意味着企业可以保持灵活，并能更好地应对变化。

● OKR 并不是评估员工的工具。制定宏伟远大的 OKR 目标

（不要制定太容易达到的目标）时，人们需要知道，没能实现所有目标是很正常的事情。一般情况下，完成目标的 60%~70% 就已经很好了。

- OKR 应该是一种轻量级框架，所以不要用大量的会议和文档来加重负担。

给予和接受反馈

领导者能做的最重要的事情之一就是支持团队成员，提升他们的工作表现，而这又离不开给予员工积极或消极反馈的能力。人类倾向于关注那些不尽如人意的事情并纠正它们，但同样重要的是关注员工的出色表现，并经常褒奖他们的成功之举。

给予积极反馈是相当容易的，而给出负面反馈往往令领导者无所适从。这里有一些给出负面反馈（我喜欢称为建设性反馈）的建议：

- 不要拖延，否则员工可能会犯下更多错误，你也可能在遭受挫折或愤怒时一股脑地向员工输出负面评论。你应该定期跟进员工的工作，理想频率是每周一次，至少是每月一次。你可以跟他们聊天，给予他们反馈，解答他们的问题，并检查 OKR 的完成情况（如果你正在使用 OKR 方法）。

- 私下给予反馈。当众表扬可以鼓舞士气，但建设性的反馈应该在私下进行。

第十五章
领导技能

- 要谈具体的事情，不要谈感情。不要扭扭捏捏，不要唯唯诺诺，也不要咄咄逼人。与员工进行直截了当的对话，说具体的事情，不要谈观点、谈感情。

- 不要用表扬来中和批评。如果你同时给出负面评价和正面评价，那么对方可能只会听到正面评价，而忽略负面评价。所以，定期表扬别人是很重要的，但我不会选择在批评别人的同时表扬他。

- 提问题，比如"你对某事的思维过程是怎样的？"或者"你认为还有什么能继续提升？"这类问题能够激发员工的自我意识和批判性思维，还能帮助你识别出需要纠正的潜在问题以及缺乏理解或不良沟通等问题。

- 告诉他们你想在未来看到的积极结果和行为（而不是明确告诉他们该做什么），为他们指明前进的方向。经常检查目标的完成情况。

反馈是双向的。因此，除了给予反馈以外，任何领导者都必须接受他人的反馈。然而，这种反馈未必是积极的。以下是一些应对来自他人的建设性反馈的建议：

- 不要立即做出反应。花一些时间去思考，真实地评估他人的反馈，不要意气用事。记住，建设性的反馈是改进提升的机会。

- 问问自己，"我怎样才能做得更好呢？"明确能够让你进步的关键学习要点和行动。

- 通过自我评估和询问他人的反馈来跟踪自己的进度。

未来技能

团队建设

第九章谈到了合作和团队协作。领导者必须具有建设团队的能力，这一点与足球经理类似：足球经理要挑选出不同位置的球员，并把他们塑造成一个有凝聚力的球队。根据我的个人经验，一些领导者会极力回避那些可能比他们更强的员工，但从长远来看，这个举动并不明智。只有强大的团队才能成就领导者。

假设你能参与选拔过程（如果你从别人手里"继承"了一个团队，你就不能参与选拔过程），你一定想要招募合适的人。合适意味着拥有恰当的技能，但你也不能忽视多样性的重要性，包括技能、思想、文化背景、年龄、性别等方面的多样性。还要注意团队合作精神，挑选喜欢为共同目标而努力的人进入团队。

有了合适的人，你就可以把他们塑造成一个团队：

● 通过在团队内部建立联系来培养团队精神。他们会遵照你的喜好行事，所以你要做好榜样：积极建立人际关系，表现出兴趣，互相倾听，尊重他人，互相支持。

● 记住，团队是由个人组成的。每个人的技能和经验不同，喜好的东西不同，工作风格也不同。不要强迫所有人以同样的方式行事。接受他们的不同，尝试把团队成员的多样性视为一种资产。

● 设定期望。你要为团队设定一个期望，例如你是否希望每个人都参与到团队决策中（在理想情况下，这个问题的答案是肯定的）？从一开始就向团队成员说明你的期望。

第十五章
领导技能

- 给予反馈，以奖金等方式嘉奖出色的工作，表达你的感激。在可能的情况下，适当放权，以便彰显你对团队成员的信任。

乐观积极

你的工作态度对你周围的人有巨大的影响。如果你的态度悲观，常把"这行不通，那不太行，为什么是我们做"挂在嘴边，那么团队成员的态度也将如出一辙。好在任何人都可以培养一种积极的态度，就连天生的悲观主义者也不例外。这里所说的乐观积极不是盲目乐观，也不是假装一切都很好。相反，该积极的时候就要积极，不要一面对问题就悲观消极。

以下是乐观积极的领导者需要具备的能力：

- 仔细考虑你的口头语言和书面语言。使用带有积极意义的词语，比如用"机会"代替"问题"。

- 上文曾经说过一件事，在此再强调一次：嘉奖每一次成功。定期庆祝小小的胜利与偶尔庆祝大胜利一样重要。

- 当事情没有按计划进行时，请保持冷静。试着用善良、耐心和同理心来应对这些意外情况。

- 控制向团队成员抱怨的冲动。电影《拯救大兵瑞恩》(*Saving Private Ryan*) 中有一个场景，士兵问上尉（由汤姆·汉克斯扮演）为什么从不抱怨。上尉的回答非常经典："我不向你抱怨……应该向上级抱怨，而不是向下级抱怨。"

- 向工作周注入一些乐趣。团队午餐、外出日、每周保龄球之夜、便装星期五、偶尔的下班后聚餐都能提高士气和团队的凝聚力。

真实可靠

第十四章说到，不道德的行为通常是不真实的。言行不一的企业就是不道德的企业。真实可靠不仅是企业应有的品质，也是领导者应有的品质。一名真实的领导者可以与他人建立正当的人际关系。我认为，这是建立信任的关键。

一个真实可靠的领导者应该具备以下特征：

- 有同理心，"真诚地"带领队伍。
- 诚实、开放、透明。
- 讲道德。
- 有自我意识——好的领导者能够认识到自己的优缺点，并且能坦然接受自己的缺点。
- 从错误中吸取教训。
- 工作内外都能表里如一。

❖ 怎样成为更优秀的领导者 ❖

本章已经分别介绍了领导者应该具备的各项技能。现在，让

我们总结一下这些能够提升领导能力的关键要点:

● 寻找学习机会。注册免费的在线课程、拜师学艺、阅读关于领导能力的书籍都是绝佳的学习机会。此处要再次推荐西蒙·塞内克的书《领导者最后吃饭》。

● 想想你钦佩的领导者,他可以是你的前老板,也可以是公众眼中的领导者。思考他为什么值得你钦佩,并学习他的宝贵品质。

● 多承担责任。告诉上级你渴望提高领导能力,并询问你是否可以帮助他们分忧。

● 不要只想着你自己的工作和责任。好的领导者有大局观。你要发挥主观能动性,考虑团队和企业可能面临的挑战与机遇。

❖ 本章小结 ❖

本章的主要内容有:

● 工作的性质正在发生变化,21世纪职场的特征包括分布式团队、多样化程度加深、人类从重复性工作转向创造性工作、零工经济、流动的组织结构等。领导技能不仅对担任传统领导者角色的人很重要,而且对其他人也很重要。需要承担领导任务的员工越来越多,他们可能会领导项目或领导整个部门。

● 这本书的大部分章节都与领导技能有关。回看之前的章节,思考每项技能如何帮助你成为更好的领导者。

- 其他需要提高的技能包括激励他人、发掘他人的潜力、值得信任、勇于担责和放权、战略思维和规划、为每个人设定目标和期望、给予和接受反馈、团队建设、乐观积极和真实可靠。
- 领导能力是不同技能的集合（且每个领导者都有自己独特的领导风格），但优秀领导者的最终目标都是帮助他人成长。

受人尊敬、值得信赖的领导者必须有良好的声誉。在下一章中，我们将深入探讨声誉和个人品牌的概念，以及它如何帮助你实现职业梦想。

第十六章　个人品牌和人际关系网

第十六章
个人品牌和人际关系网

我入职剑桥大学时,根本不会想到如今的我会在社交媒体上拥有 200 多万粉丝,还经常在线直播。当时,我只是想在我所在的领域建立良好的声誉,而全然不知之后这种声誉竟然发展成了我的"品牌"。

建立和维护个人品牌是我工作的重要组成部分。如今,个人品牌不再专属于意见领袖、企业家和权威人士,各行各业的许多从业者也需要建立个人品牌。在数字化时代,每个人的声誉既存在于现实世界中,也存在于网络世界里。你可以利用网络来展示你的专业度,建立人际关系网,结交新朋友,发展职业生涯(个体经营者可以开拓新业务),最终建立属于自己的个人品牌。无论你是企业员工、个体经营者、行业翘楚还是刚刚起步的职场新人,打造个人品牌都可能是最重要的工作。

❖ 个人品牌是什么 ❖

品牌的概念很好理解。从传统意义上讲,品牌是让一家企业脱颖而出的标志性特征,例如价值观、视觉效果、语气等。基本上，只要是一家企业区别于其他企业的东西，就是这家企业的品牌。杰夫·贝佐斯（Jeff Bezos）曾经贴切地描述道："品牌就是人们背地里讨论你时的谈资。"

近来，品牌的概念越来越贴近个人，"个人品牌"这个名词应运而生。个人品牌与企业品牌类似，都是让你脱颖而出的标志性特征，例如技能、经验、个性等。个人品牌就是你的声誉。

每个人都有个人品牌。在网上搜索你的名字，最先显示出来的就是你的个人形象与品牌（谷歌搜索最先显示出来的一般是领英和社交媒体资料）。管理个人品牌就是要控制并打造你的网络声誉，以你想要的方式被人们看到。做好这一点，你就可以将自己标榜为所在行业的佼佼者，让从未谋面的人了解你。当人们想到你从事的工作或所在的行业时，就会首先想到你，然后给你绝佳的机会。

简言之，个人品牌可以让你在人群中脱颖而出。建筑师、企业家、设计师、博主、律师以及各行各业的从业者都需要建立个人品牌。

这并不意味着你需要成为世界名人。诚然，有一些家喻户晓的名字本身已经成了非常成功的品牌，比如奥普拉·温弗瑞（Oprah Winfrey，她的个人品牌是帮助人们过上最好的生活）和理查德·布兰森（Richard Branson，他的个人品牌是有远见的企业家、冒险家、胆大之人）。当然，也有不少像我这样在细分领域成功建立个人品牌的人——我的名字并没有家喻户晓，但在我所

第十六章
个人品牌和人际关系网

在的行业内知名度非常高。

在网上搜索我的名字，先后显示出来的是我的个人网站、我的最新推文、我的领英资料、我的 YouTube 频道，然后是其他社交媒体的个人资料。只要快速浏览一下这些搜索结果，你就能知道我是未来技术、数字化转型和提升企业业绩方面的专家。你会看到很多同样的（专业）照片以及同样的（来自我的）言论。内容的一致性有助于建立我的个人品牌。从这些内容中，你可以知道我是谁，知道我在做什么事。

如今，我投入了大量时间来建设个人品牌，不过你并不需要这样面面俱到。稍后我会说到，你可以选择你喜欢的方法，从小处入手，再逐步完善。例如，你可以从完善领英资料开始，在个人资料中添加别人的推荐信，邀请好友为你背书，可能的话还可以发表专业的领英文章。设置好领英后，你就可以在照片墙或推特上分享更多内容了。

总之，建立个人品牌的关键点就是合理利用所有有利于塑造声誉的工具。

本章的大部分内容都在谈论个人品牌，而不是参加当地的线下会面等传统的社交方式。这并不是在否认面对面交流的重要性，只是在如今这个数字化时代中——特别是在团队全球化、工作远程化及混合化的背景下——通过数字渠道建立和维护人际关系的重要性非常突出。提升网络声誉有助于人际关系的维系。

个人品牌为什么重要

过去，求职者常常需要寻找职位空缺、提交求职申请及个人简历、面试，然后希望现在的雇主为你美言几句。如今，这种常规的求职流程正在悄然改变。你的下一个求职面试可能是以视频电话的形式完成的。你可能永远不会见到你的经理或项目主管。你可能投身蓬勃发展的零工经济，需要定期寻找新项目。重要的是，如今的人才库已经实现了全球化，你可能会与来自世界各地的求职者同台竞技。"被动式"求职者的市场也在逐步打开，雇主会与暂无求职意向的优秀人士直接接触，向他们抛出橄榄枝。这些变化都要求求职者在网上脱颖而出。

从这个角度来看，建立个人品牌可以帮助你获得一份满意的工作，或者为你带来新客户。但对于那些对当前工作很满意、不想马上跳槽的职场人士而言，声誉依旧很重要。声誉可以展示你的知识和技能，帮助你赢得他人的信任，提升工作的稳定性，拓展人际网络，推动职业发展。从本质上说，强大的个人品牌会给你带来很多机会，比如晋升的机会、赢得新客户的机会、获得新工作的机会、出书的机会、受邀在年度会议上讲话的机会等。我的第一本书之所以能出版，就是因为一家出版商看到了我在网上分享的大量内容。

如果上述理由都不能打动你，那么以下数据可能会给你带来全新的认识：70%的雇主会通过社交媒体调查应聘者的背景，

第十六章
个人品牌和人际关系网

57% 的雇主会根据网络调查的结果筛选应聘者。因此，网上的声誉是非常重要的。有趣的是，这项调查还询问了雇主想要雇用某位员工的原因。最主要的原因有：

- 应聘者的个人资料和信息验证了他们的工作水平。
- 应聘者表现出了创造性。
- 应聘者发布的内容描绘了一个专业人员的形象。

我认为，这些回答恰好说明了管理网上声誉的重要性。你的网络声誉应该表明你是一个知识渊博、有创造力、有思想、真实的人。

雇主也要有自己的个人品牌。员工的个人品牌强大，企业的曝光率也会增加，雇主品牌同样会得到提升，企业也能吸引到更多人才。如果你是一名雇主，那么你要多鼓励员工建立个人品牌。

如何提升个人品牌、扩大在线社交网络

建立有效的个人品牌需要动一些心思，但每个人都能做好。你可以根据自己的情况调整建立品牌的方式。换句话说，下面的技巧只供参考，无须亦步亦趋。归根结底，建立个人品牌就是精心打造数字声誉，而具体的方法取决于你所在的行业、你的个人优势以及受众。

让我先来给出一些通用建议：

- 找到你的细分市场（然后向外扩展）。对大多数人来说，

围绕着一个细分话题打造个人形象是建立品牌的最佳方式。用我自己举例子，我最开始专注于战略绩效管理，之后拓展到了人工智能和更广泛的未来趋势。如果你是一名会计，那么你可以从企业财务起步，然后向企业战略和领导力拓展。摄影师可以将自己包装成食物摄影专家，然后拓展到创业领域，帮助他人建立成功的摄影事业。要知道，你的品牌可以随着时间的推移而不断发展。

- 战略性思考。本书曾经多次提到，不能只盯着眼前的工作。试着以长远的眼光看待你的工作和所在行业，并确定在未来几年将越来越重要的领域。选择其中的一个作为你的细分市场，或者未来要拓展的领域。

- 为你的个人品牌撰写说明。你应该在早期就确定好个人品牌（也要记住它可能会随着时间的推移而发展），并把说明精简到一两句话以内。如果你喜欢，那么可以将这一两句话用作个人口号。例如，我把自己描述为世界著名的未来主义者以及商业与科技领域的意见领袖和思想领袖，热衷于利用技术造福人类。你会怎样描述自己？你的受众又是哪些人？你不需要公开这个说明，当然你也可以写在网络个人简介里。

- 你可以考虑为你的品牌起个名字。有些人用这个方法来推广个人品牌：技术和数据专家可以称自己为"数据大师"，而教授个人理财技巧的人可以称自己为"省钱专家"。你可能不想额外起个名字——就我个人而言，我宁愿使用自己的名字——但这确实是一种好方法。

第十六章
个人品牌和人际关系网

- 在起步阶段，要一点儿一点儿来，不要着急。一开始的时候，每个人都告诉我应该做 YouTube 视频，但当时我并没有准备好。我更喜欢在个人网站、推特和领英上写一些文章。现在，我已经习惯于每周做直播和上传 YouTube 视频，但我花了好几年时间才达到了如今这种游刃有余的程度。所以，不要给自己施加太多压力，你不需要同时运营所有平台，也不需要同时更新好几种内容媒体。你可以专注于某个比较喜欢的社交媒体平台，在上面多发布一些内容。

下面我将给出几条更有效地利用社交媒体的建议：

- 在社交媒体资料中上传一张近期的专业照片，并在不同的平台上使用相同的照片以便确保一致性。

- 清理个人资料，删除你不希望潜在雇主看到的内容。

- 如果你不想让你的社交媒体资料公之于众，那么你需要将隐私程度设置到最私密，这样别人就不能搜索到你的资料。例如，如果你想要一个私人空间来分享更多个人内容，那么你可以将部分社交媒体资料设为私密（尽管这样做可以增加私密性，但第四章曾经提到，在社交媒体上公开个人信息一定要三思而后行）。然后，你可以把个人品牌的重点放在领英和照片墙等平台上，并将个人资料设为公开，这样所有人都可以看到它们。

- 做真实的自己。当你想要打造一个专业的品牌时，你要在社交媒体内容中突出你的个性；用你平时说话的方式写作；要真实，要诚实；说一些对你来说真的很重要的事情（而不是试图去贴近最新的趋势）；不要把自己包装成另一个人。这些做法都能让你的品牌保持一致。

● 分享你正在学习的东西。对我来说，在社交媒体上分享我所在行业里有趣且有意义的新闻故事是影响力非常大且难度非常低的事情。这样做将我与他人区分开来，也让我紧跟所在领域的最新进展。为了找到这些新闻故事，你可以订阅行业新闻，也可以为某些关键字设置搜索提示。在社交媒体上分享内容时，一定要加上你自己的语言，即便只是随意的一句"我今天看到了这个，我想与大家分享。你们怎么看这件事呢？"也非常有用。此外，你要运用批判性思维，确保你分享的内容来源可靠。

● 在社交媒体平台上加入行业团体。然后通过发帖子、回答问题、点赞、评论、与小组成员分享内容等方式提高自己的知名度。

● 肯花时间，愿意与他人分享知识。直白点儿讲，要多回答问题，多回复别人的评论，多与别人互动。花点儿时间为别人点赞，转载一些你觉得吸引人、激励人或有用的内容。这样的举动是相互的。

● 尽可能多地建立新的联系人，尤其要在领英上多加好友。你可以筛选出与你同一领域的意向联系人，每周向一些人发送好友申请。养成这个习惯，你的人际网络很快就会成长起来。

● 在领英、推特和照片墙上创建投票调查。你可以提出很多有趣的问题，并提高用户的参与度。投票调查最好可以同时涵盖专业问题和更基础的问题。

第十六章
个人品牌和人际关系网

- 发布与工作有关的高质量照片和视频。人们喜欢视觉内容，所以如果你在参加工作会议、行业活动或者在拜访客户的路上，你都可以与大家分享。你也可以在工作记录中偶尔穿插一些"日常"照片和视频（比如居家工作的早间咖啡，早上跑步时看见的风景，等等），这并不会影响你的专业性。

- 你可以发布任何有助于巩固声誉的内容——可以是发人深省的问题、你所做的演讲的摘录、专业建议、做事方法，等等。

- 如果你想提高专业性，那么可以考虑写一些长文，并在领英上分享出来。

- 如果你一时间不知道分享些什么，那就引用一些鼓舞人心的名言吧。

- 使用跨平台工具来提高效率。例如，你可以使用 Hootsuite 等社交媒体管理工具来提前写好帖子并在照片墙、推特等多个平台分享出来。这意味着你既可以榨取每条内容的最大价值，又不必分别在每个平台上发布帖子。这些工具会为你代劳。

- 控制每天或每周在社交媒体上花费的时间。建立个人品牌不应该占据全部的时间和精力，你可能需要主动限制花在社交媒体上的时间（社交媒体可能会消耗大量时间）。我建议你提前写好帖子的内容（见上文），并在特定的时间段查看社交媒体、回复评论以及查看其他人的帖子。

在社交媒体之外：

- 不仅要在就职企业中建立声誉，还要在所在行业中建立声誉。具体的方式包括自愿参加行业指导小组、加入跨公司委员会和项目、参加会议等。

● 考虑购买属于你自己的网站域名（以你的名字或品牌命名）。只有你自己才能决定这笔投资是否值得，但作为一个零工工作者和内容创造者，我认为个人网站非常有用。

● 寻找其他机会来分享你的知识，比如参加演讲、写时事通讯，甚至是写书——任何有助于建立专家声誉的做法都是可以尝试的。

最后，虽然本章的大部分内容都是针对个人的，但是企业也要思考个人品牌以及它对员工的意义。企业可以先制定规则，规定员工可以在社交媒体上发布哪些内容，不可以发布哪些内容。另外，我建议你鼓励员工在网上分享专业内容，谈论他们的工作生活，分享积极的工作故事，并帮助你在网上建立品牌。

❖ 本章小结 ❖

本章的主要内容有：

● 个人品牌是将你与他人区分开来的诸多特征，例如技能、经验、个性等。个人品牌就是你的声誉。

● 无论你在从事什么职业，强大的个人品牌都会为你树立专业的形象，让你在人群中脱颖而出，并为你带来很多机会，比如晋升的机会、赢得新客户的机会、获得新工作的机会等。

第十六章
个人品牌和人际关系网

- 绝大多数雇主都会通过社交媒体调查应聘者的背景。这也是你提升网络声誉的理由之一。
- 每个人都可以做好个人品牌。做好个人品牌就是塑造数字声誉，就是让其他人看到你想让他们看到的东西。你可以用非常简单的方法来发布社交媒体帖子，也可以发布内容和视频，建立自己的网站。
- 你可以先找到你的细分市场，写下口号来定义你的个人品牌，然后建设你的社交媒体。

建立个人品牌似乎增加了你的工作负担，因此你要有相应策略来管理时间并提升工作效率，同时保持健康的工作生活平衡。让我们更深入地研究时间管理，看看在这个快节奏的世界里，应该怎样做好时间管理。

第十七章　时间管理

第十七章
时间管理

新冠疫情以及随之而来的远程化、混合式办公最终会对职场人士的工作生活平衡和压力水平产生怎样的影响,如今我们还不得而知。我的一些好友认为在家工作压力更大,效率更低,而且经常受到家庭生活的干扰(下班时间也很难与工作"隔绝"开来的感觉更让人厌烦)。而另一些人认为,他们不必再承受通勤的痛苦,因此有更多时间来完成工作。我很期待有人能就远程工作、工作效率、压力和时间管理之间的联系展开进一步研究。

现在能够确定的是,时间管理和以前一样重要。无论是在家工作、在办公室做全职职员、经营自己的公司,还是为某家企业效力,高效的时间管理对工作表现以及心理健康都是至关重要的(第二十章将深入探讨关于身心健康的内容)。如今,人们深受快节奏工作、信息超载、电子邮件和应用程序通知分散注意力的困扰,因此时间管理能力尤为重要。

❖ 时间管理是什么 ❖

时间管理是高效利用时间,特别是在工作场合中。时间管理通常包括规划时间以及思考怎样才能最大化地利用时间。稍后将更深入地探讨这些内容。

生产力神话

第十一章曾经提到，传统的朝九晚五、一周五天的工作模式并不能准确体现出我们的生产力，因为普通人能维持高效生产的时间不超过每天三小时。换句话说，下了班还在工作的员工未必能比其他人完成更多工作（有时可能恰恰相反）。

时间管理研究的是更聪明地工作，而不是更努力或更长时间地工作。善于管理时间的人知道自己在哪些时间段效率最高，能够明智地利用这段时间，并在效率较低的时间段完成不太重要的工作（或者用来完成本职工作之外的任务）。时间管理的目的就是追求更好的工作生活平衡，更好地利用时间这种宝贵且有限的资源。

一些公司对此深以为然，开始引入四天工作制，联合利华就是其中之一。联合利华在新西兰试点了一种激进的工作制度，员工每周工作四天，但是可以得到五天的报酬。这个举动的背后是100∶80∶100的逻辑，即人们拿100%的工资，用80%的时间工作，同时仍然提供100%的产出。联合利华表示，如果新西兰试验成功，那么公司将把该计划推广到世界各地的分公司。

有些国家奉行每周四天的工作制。2015 年至 2019 年，冰岛

第十七章
时间管理

全国都实行四天工作制，并称该试验获得了"绝对成功"。如今，86%的冰岛员工正在享受或有权享受更短的工作时长（且不会被减薪）。最重要的是，参与试验的企业并没有因为员工的工作时长缩短而牺牲生产力，相反，它们的生产力水平要么与之前持平，要么比之前还要更高一些——这表明，生产力与工作时长关系不大，而与利用时间的方式息息相关。

克服拖延症

时间管理的内核往往是自控力与诱惑之间的冲突。自控力促使你完成某项任务，而诱惑却让你一直拖延。高效的时间管理最需要解决的问题，就是自控力与诱惑孰占上风。这可能会受到各种内外部因素的影响。

每个人都知道，时间管理就是拒绝拖延，控制自己，把事情做完。但这件事说起来容易，做起来难，因为大多数人都会存在某种程度的拖延症。为什么我们总是拖延？为什么我们总是在告诉自己，有些事情是可以拖延下去的，尽管这样做对我们没有任何好处？

研究表明，导致拖延的原因可以分为两大类：消极因素和阻碍因素。消极因素包括恐惧失败、焦虑、完美主义，或者只是因为某件事令人不快。阻碍因素包括疲惫、目标过于模糊、看不到回报等。它们之所以称为阻碍因素，是因为它们阻碍了我们做事的热情。当我们缺少热情时,就更容易被消极因素影响。这时,我们内心的天平就向拖延倾斜了。

以上只是一个简单的总结,毕竟热情背后的心理机制和拖延症的深层次原因要更复杂、更多样。但从中我们可以知道,时间管理就是克服可能存在的外部因素的阻碍,战胜消极因素,保持工作的热情。稍后,我将介绍若干实用策略,提高你的热情,避免拖延,助你充分利用时间。

❖ 为什么时间管理在今天比以往任何时候都更重要 ❖

时间管理的好处可谓众所周知。我相信大家都有切身感受:当你做到高效的时间管理时,感觉会非常棒;相反,当你浪费时间时,你会感觉非常焦虑。

也许说明时间管理重要性的最佳方式就是谈谈欠佳的时间管理会导致哪些结果。常见的不良后果包括:

● 拖延症(又是它);

● 效率低下、生产力低下、工作质量差(通常是因为到最后我们会匆忙赶完工作);

● 压力更大(尤其是当你觉得自己无法掌控时间的时候);

● 工作和生活难以平衡(因为工作任务和压力会侵蚀宝贵的非工作时间);

第十七章
时间管理

● 不能在规定时间内完成工作（因为时间不够了，或者我们低估了完成任务所需的时间）；

● 对职业声誉造成负面影响（见第十六章个人品牌）。

相反，如果你能很好地管理时间，就能得到相反的结果：消除（或减少）拖延倾向、提升效率、提升生产力、获得掌控感、减轻压力、为非本职工作留出更多时间、按时完成工作、强化保质保量并按时完成任务的个人形象。上文曾经提到工作时间更少、薪水未降、工作量未减（甚至提高了）的冰岛人。参与试验的冰岛人说，他们的压力更小，精力更充沛，身心更健康，工作与生活平衡得更好，而且可以向家庭生活和业余爱好投入更多时间。

总而言之，时间管理可以帮助你更聪明地工作，让你充分利用工作时间和生活时间。

长久以来，良好的时间管理都是最重要、最值得掌握的软技能之一。但这并不是我把它写进书里的原因。我之所以用一章的篇幅探讨时间管理，是因为如今的工作和生活存在太多诱惑，致使我们很难进行良好的时间管理。应用程序不停地发送通知，试图吸引我们的注意力，让我们投入更多时间。我们需要兼顾工作和家庭生活，女性更要艰难地寻找二者之间的平衡。为了维持家庭生活的顺畅和谐，我们需要付出大量情绪劳动。电子邮件不分早晚，源源不断地涌进我们的收件箱，很多人因此觉得工作在逐渐侵蚀非工作时间。这样的生活节奏更快了，也更劳神了。

诸多消极因素和阻碍因素都在磨灭我们工作的热情。因此，我们都需要一些有效管理时间的实用策略。

❖ 如何提高时间管理技能 ❖

让我们来探讨一下个人和企业如何提高时间管理技能，更聪明地工作。

给个人的建议

● 先做重要的工作。人们通常喜欢先做讨厌的工作，只是为了尽快完成它们（正如马克·吐温所说："如果你的工作要求你吃一只青蛙，那么你最好一大早就把它吃掉。如果你的工作要求你吃两只青蛙，那么先把大个的那个吃掉。"）。还有一些人喜欢最先完成快速且简单的任务，原因只是能获得一些成就感。但最佳的工作顺序还是按重要性确定优先级，而不考虑工作的难易程度。这就引出了下一个建议。

● 合理分配时间。我喜欢用 ABC 方法来计划日程，并根据重要性为各项任务排序。A 任务是最重要的、当天必须做的事情（如果 A 任务不止一个，那么我会将它们标记为 A1、A2 等）。B 任务没有 A 任务那么重要，是当天的次要任务——只有 A 任务

第十七章
时间管理

全部完成之后,我才会开始做 B 任务。C 任务是好做且不紧急的任务,当天做不完也无伤大雅。每天早上,我都会先用这种方法排列任务的顺序(当然,你也可以在工作结束后为第二天的任务排好顺序)。

- 为每个任务设定时间限制。确认好当天的待办事项后,我会为每项任务设定时间限制。这样一来,我就能够控制在每项任务上耗费的时间,还能感受到对时间的掌控感,因为我知道在这一天里我能完成些什么。

- 为任务设置缓冲时间。做时间计划时,要为任务留出一定的富余量。总是有些任务比你想象得更耗费时间,也总会有一些意料之外的更重要的任务突然出现。例如,如果你认为某项任务可能需要一个小时,那么你就要为它留出一小时十五分钟时间,这样才能做到有条不紊、从容不迫。

- 留出休息的时间。第十一章曾经说到,生产力高的人会定时定期短暂休息。你也应该这样做。你可以在日程中排出休息时间,也可以每小时休息五分钟。

- 设定任务和目标时,思考更长远的愿景。我认为,设定具体任务和目标所带来的对长期愿景的推动作用能够提高工作的热情。作为人类,我们喜欢眼下的结果和即时的满足,但时常抬头看看远方也是非常重要的。问问自己,"这对我的职业生涯有什么帮助?""这对实现长期目标有什么帮助?""这对实现企业愿景有什么帮助?"

- 拆解任务。你可以将大型项目拆解成可管理、易操作的小型项目，然后使用 ABC 方法将这些小型任务按重要性排序。

- 找出工作效率最高的时间段。工作效率高的人不一定时时刻刻都在埋头苦干——他们知道什么时间工作效率最高，并且会把这段时间分配给重要的事情。有的人在早上工作效率最高，有的人在孩子已入睡的深夜效率最高，也有的人在白天效率最高。你要找到效率最高的时间段，并利用这段时间来做最重要的任务，不要在这段时间开会或做不重要的工作。

- 不要多线程工作。多线程工作会降低工作效率，令你一事无成。记住，时间管理并不意味着非常忙碌或者特别努力地工作，而是明智地利用时间和精力完成工作。你应该集中注意力，完成一个任务之后，再开始做下一个任务。

- 排除干扰。有些人觉得在家工作很容易分心。为了排除干扰，你可以关闭手机通知，适时打开手机"免打扰模式"，并在家里建立边界感（例如，你可以告诉你的家人，"在接下来的一个小时里，我必须集中注意力"或者"只要我关上房门，你们就不要来打扰我了"）。这一点在办公室里同样适用。

- 学会拒绝。拒绝是一种艺术。如果你知道怎样拒绝，就能更好地掌控自己的时间。很多时候，拒绝并不是直接推脱，而是为你做某事的时间设定一个期望值——例如，你可以说"我下周才能做这件事"或"周五下午之前我都没空"。如果你确实需要推脱某件事，那么你应该告知你目前的工作量，用语要坚定且礼

第十七章
时间管理

貌,不必因此而感到愧疚。

- 如果有些任务不必你亲自去做,那么可以委托他人完成,或将这些任务外包出去。回看第十五章,了解更多关于领导力和授权的内容。

- 权衡一下做与不做的后果。问问自己,"如果我没有完成这个任务,那么会发生什么?"如果你的答案是"也不会发生什么",那么它可能没那么重要。相反,如果推迟某件事情会造成严重的后果,那么你可能很有动力做这件事情。

- 完成工作后,给自己一些奖励。喜欢什么就做些什么,溜达溜达,喝杯咖啡,或者刷几分钟视频都是可以的。

- 要知道,有时候——而不是所有时候——拖延症可能是一件好事。拖延的冲动可能说明了一些事情(例如,这项任务对你来说并不那么重要,或者你已经累了,需要休息一下)。回看本章的消极因素和阻碍因素,试着找出拖延的深层原因。有时候,拖延只是因为你的思维需要一点儿时间来游荡、想象并发挥创造力——这也是一件好事。

- 最后,如果你发现自己不想做很多与工作相关的任务,那么也许是时候换个工作了!问问自己这份工作是否真的适合你,因为不喜欢自己的工作或时常感到情绪低落是"不正常"的。

给雇主的建议

我强烈建议企业领导层为员工提供时间管理培训，提升员工的时间管理能力。领导层还应该意识到，生产力（以及工作效率高的时间段）因人而异，因此要给员工一定的自由度和灵活性，让他们最大化地利用效率最高的时间段。你甚至可以考虑每周四天工作制（仍然支付五天的工资），这样做有助于达到工作生活平衡、提高生产力、减小压力。

经理应该分别询问团队成员在哪些时间段最有效率、最专注，避免在这段时间里打扰他们，也尽量少在这段时间内聊天或开会。

❖ 本章小结 ❖

回顾一下关于时间管理的要点：

- 时间管理是高效利用时间的能力，特别是在工作场合中。
- 一般人每天能保持高效工作的时长不超过三个小时。因此，良好的时间管理不是把日程安排得异常紧凑，也不是比其他人工作更长时间、更努力。恰恰相反，良好的时间管理意味着更聪明地工作，承担更小的压力，并以更饱满的热情对待本职工作以外的事情。
- 要提高时间管理能力，你可以仔细规划日程，为任务设

第十七章
时间管理

定时间限制（记得留好缓冲时间），并优先完成最重要的任务。定期定时休息，不要多线程工作，并找出拖延冲动背后的深层原因。

下一章将谈到另一种至关重要的未来技能：好奇心和持续学习。

第十八章　好奇心和持续学习

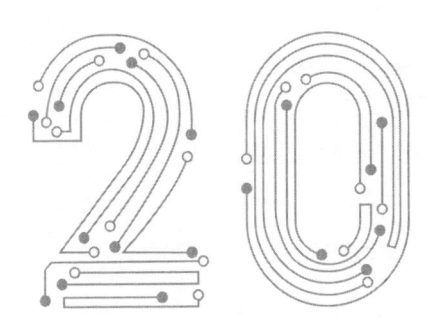

第十八章
好奇心和持续学习

如果让我选出本书中最重要的一项技能，那么我会选择好奇心和持续学习。无论你年龄多大，无论你处于什么行业，只要你充满好奇（更重要的是保持好奇），你就有很大机会获得成功的职业生涯和个人生活。好奇心会驱使我们认识新朋友、接触新信息、获得新体验，会让生活变得更有趣，让我们远离千篇一律的日子。好奇心是保持积极、健康心态的关键。作为一名中年人，我认为好奇心绝对是重中之重！

在工作中，好奇心和持续学习是能够并愿意接受改变的基础。好奇心和持续学习可以助你精进各项技能，跟上第四次工业革命中发生的重大转变，并勇立潮头。

如今，学习材料唾手可得，形式不一，有声书、播客、在线课程等应有尽有。每个人都可以根据自身情况来选择相应的学习材料。你只需要培养学习的欲望，保持旺盛的好奇心。

❖ 好奇心和持续学习是什么 ❖

好奇心是学习和理解新事物的欲望，可以是理解某些东西的工作原理，培养一种新爱好，尝试新的食物，去新的地方，等等。这种对学习的渴望引导我们走上持续学习（也称为终身学习）的旅程，对知识展开持续的、自发的追求。

我们生来就有好奇心。对婴儿和蹒跚学步的孩子来说，万事万物都是新的，也都很有趣。家里有小孩儿的人都知道，"为什么"是孩子们最喜欢的词语之一。这就是好奇心外化为行动的体现。为什么那个东西是那样的？你为什么要这样做？我为什么必须做……？为什么，为什么，为什么？

在某种程度上，大多数人都丧失了提问的欲望。学校的传统教育系统通常重视正确答案而不是问题，这种体系遏制了人们的好奇心（ 项研究支持了这个观点：6到18岁的学生平均一节课只提一个问题，这与学龄前儿童的提问频率形成了鲜明对比）。

这种现象令人惋惜，因为好奇心是学习过程中的关键因素。当你想学习的时候，学习就会变得更容易。好消息是，即使你觉得自己已经失去了孩子般的好奇心，你也可以使用很多实用方法来重拾好奇心。

好奇者的习惯

好奇者会像小孩子一样问很多问题，而且他们并不为此而感到羞耻。好奇者认为没有愚蠢的问题。他们不怕被视为愚蠢的人，也不羞于说"我不知道"。他们不害怕犯错，认为与其做一个不会犯错的人,不如学一些新鲜、有趣的知识。他们通常也是很好的倾听者,会仔细倾听他人,不会轻易臆断或草率判断。

好奇者通常是积极的,而不是被动的。他们会主动寻找新信息,积累新经验,而不是被动接受现状。他们会大量阅读,广泛涉猎,也会深入研究真正感兴趣的话题。因此,好奇者很少会感到无聊。总是想学习新东西的人怎么会感到无聊呢?

好奇者一直在探索各种信息、地点、人、挑战、可能性和任何可能拓宽思路的东西。爱因斯坦曾经说过,"我没有特殊的天赋,但我有过人的好奇心"。

就好奇者而言,这个描述比较宽泛。我想从保持好奇心和持续学习所需的两个特定要素入手进行深入研究,它们是谦逊的态度和成长型思维。让我们先聊聊谦逊。

谦逊

谦逊是骄傲和傲慢的反义词,也是好奇心的核心。谦逊的态度让我们意识到我们并不知道应该知道的一切,也驱使我们学更多东西,做更多事情,获得更多成长。人们常常将谦逊与缺乏自信混为一谈,但二者之间其实存在着天壤之别。谦逊的人能够认识到自己的优点和缺点,但不会刻意隐藏自己的缺点,因为他们把缺点当作成长的机会。正是有这种内生的自信,谦逊的人才不害怕被视为蠢人或提出"愚蠢"的问题——这些都是成长的一部分。

对于领导者和管理者来说，谦逊是一种特别重要的品质，不过这种品质确实不太显眼。吉姆·柯林斯（Jim Collins）在《从优秀到卓越》（*Good to Great*）一书中指出了成功带领普通企业成为卓越企业的首席执行官们存在的两个共同特征，其中之一就是谦逊（另一个是不屈不挠的意志）。这也不难理解：谦逊的人更善于倾听，善于接受反馈，也善于与他人合作，因为他们不会幻想自己是最聪明的人。

稍后将详细讨论激发好奇心的实际步骤，但拥有谦逊的态度肯定是重要的第一步。如果你认为你要向别人学习很多东西，你就更有可能感受到学习的欲望。

成长型思维

心理学家卡罗尔·德韦克（Carol Dweck）在突破性著作《思维模式：全新的成功心理学》（*Mindset: The New Psychology of Success*）中首次提出了"成长型思维"一词。如果你没有读过这本书，我强烈建议你读一读。作者在这本书中提到，成功并非源于智力、才能或教育，成功源于正确的思维模式，即成长型思维。她多年的研究表明，学生的态度——特别是对待失败和挫折的态度——能够决定他们的成就。

成长型思维者相信他们有成长、提高和学习的能力。他们把阻碍、失败和挑战视为成长的机会。重要的是他们相信，虽然每

第十八章
好奇心和持续学习

个人都有固有的品质和特质，但是成功来自持续的个人发展和持续的学习。固定型思维者与此恰恰相反，他们认为自己受到无法改变或改善的、固定的内在特质和能力的限制。再小的挫折和失败对于固定型思维者来说都可能是毁灭性的，而且这种毁灭性打击是一视同仁的，与聪明与否无关。他们认为，之所以会在某件事上折戟，是因为他们没有成功的天赋。

对于固定型思维者而言，有就是有，没有就是没有。对于成长型思维者来说，只要肯努力，最基本的能力也是可以提高的。

当然，大多数人都不属于绝对的固定型思维者或成长型思维者，而是处于两者之间的某个位置，只是略有偏向而已。

有时，你会表现出固定型思维者的特征。例如，你可能说过"我学不好数学"。然而，成长型思维者会说，"我暂时学不好数学，但我可以学"，因为几乎所有东西都可以通过练习来学习和提升。在英国的小学里，这种"暂时不会但可以学"的思维很普遍。作为成年人，我们都可以承认自己的弱点或知识差距，并且不被这些限制禁锢，因为我们有能力提高自己。

如果说谦逊能让你保持好奇心，那么成长型思维将帮助你走上终身学习的道路。稍后将讨论如何养成这种思维。

好奇心的黑暗面

好奇心并不总是表现为积累知识或体验有趣事物的积极愿

望。我们可能会因为好奇电视上的人过着怎样的生活而观看真人秀节目，可能会因为好奇而阅读曝光名人感情生活的花边新闻。这两个例子告诉我们，好奇心会变成八卦和爱管闲事儿（八卦和爱管闲事儿从本质上来讲也源于求知欲，只是这种求知欲被不当地用在了不重要的事情或私人事务上）。我在本章中讨论的好奇心并不包括这种八卦的心态。

❖ 好奇心和持续学习为什么重要 ❖

教育界名人肯·罗宾逊爵士（Sir Ken Robinson）有言，"好奇心是取得成就的动力"。换句话说，好奇心是推动我们走向成功和自我实现的自然驱动力。考虑到这一点，我认为我们都应该保持好奇心。如果没有这种自然驱动力，我们很可能会落入一成不变的窠臼。这当然会很无聊，而且我们必将被不断变化的职场和行业淘汰。

如果这还不足以说服你，那么下面的几个理由可能会让你重视好奇心和持续学习：

● 它能让你保持积极的心态，这对心理健康和认知能力非常重要。我坚信，好奇心能让你保持年轻的心态。

● 它能拓宽你的思维，让你接触到新的话题、不同的观点和不同的文化。

● 它能帮助你更好、更有创造性地完成工作。好奇心是创新的核心。大多数推动人类社会发展的突破性进展都源于某个人的好奇心。

- 它能让你从错误中学习。好奇者会探寻失败的原因,这样下次就能做得更好。
- 它能帮助你建立并维持更好的人际关系,因为好奇者对他人感兴趣,喜欢问问题,还能积极倾听别人的意见。
- 它能让你的生活更美好!好奇者的生活一般不会无聊,因为总有一些新的东西需要学习、探索和提升。

综合考虑以上理由,我们可以得出一个结论:好奇心对成功和满足都很重要,这一点在工作和生活中通用。对我来说,这是促使个人成长的关键。

对于企业来说,培养员工的好奇心是提高业绩的一种方式——事实上,好奇心对公司业绩的影响比人们最初想的要大得多。这在很大的程度上是因为好奇心可以帮助企业员工适应变化,做出更好的决定,得到更有创造性的解决方案。

❖ 如何激发好奇心,保持终身学习 ❖

下面,让我们来看看激发好奇心、保持终身学习的实用方法有哪些。

给个人的建议

让我们先谈谈谦逊,因为谦逊是激发好奇心的因素之一:

- 对自己坦诚。谦逊从认清事实开始,所以要诚实地思考你的弱点和你的长处。勇于承认自己的错误并承担责任,不要找借口。这些错误和弱点就是你成长的空间。
- 试着接纳自己。你应该承认自己的缺点,但不要对自己太苛刻。试着不带偏见地看待自己,也不要轻易否定自己。要接受自己,这是成为更好的人的第一步。
- 练习积极倾听。本书提到的许多技巧都与积极倾听有关,谦逊也是其中之一。专心听别人的话,并尽可能地邀请他人给出反馈。以开放的心态倾听他人的话,摒弃你的假想与偏见。
- 寻求帮助。意识到何时需要帮助并寻求帮助是谦逊的一大体现。不要害怕说"我不知道"。你不必是最聪明的那个人。
- 适应焦虑和不确定性。承认你需要帮助、在某件事上失败了或不知道如何做某件事通常会令人感到不快。当这种不适感突然出现时,试着与这种感觉共处,而不是急着去解决或处理它。

养成成长型思维是持续学习的关键:

- 如果你没读过卡罗尔·德韦克的《思维模式》一书,我建议你读一下。本章仅粗浅地介绍了她的研究成果。
- 想想你属于成长型思维还是固定型思维,还是处于二者之间。

第十八章
好奇心和持续学习

- 试着把挑战和失败当作实现自我发展的机会。你可以想想之前遇到的挑战,以及它是怎样让你变得更强大、更优秀的。毕竟每一个金牌运动员都曾经历伤病、失败和挫折。

- 奖励自己的努力。成长型思维看重努力而不是天赋,所以在你努力做某件事后,即便你没有取得完全意义上的成功,也要给自己一些精神鼓励或物质奖励。

- 记住"暂时不会但可以学"的力量。在谈论自己的技能或他人的才能时,要注意你的言辞,并重构语言。例如,不要说"她很擅长这个",而要说"她一定付出了很多努力,才掌握了这项技能"。

- 认清现实。学习新技能需要努力和耐心。接受艰难的学习过程是成长型思维的一部分。

- 练习谦逊。拥有成长型思维意味着能够接受失败,承认自己的无知,认清自己的缺点和优势——这些都是谦逊的一部分。

以下是就激发好奇心、保持持续学习提出的通用建议:

- 腾出时间去学习。生活确实很忙碌,但一定要挤出时间去阅读、去看和去听新事物。学习新技能时,要抽出时间定期练习。

- 做一些不同的事情,今天做,明天做,后天也做。尝试一些新鲜事物,不拘于什么形式。你可以走进书店,阅读最先吸引你眼球的那本书。你可以向墙上的地图扔飞镖,然后做一顿那个国家的饭菜。你可以听听全新类型的音乐。你可以到从未去过的街道上走走，看看道路两旁的建筑物和花园。

● 记下想法。之前曾经提到，我觉得记下想法、摘抄语录对我帮助很大。你可以随手记下你遇到的问题（以便之后研究）、想要尝试的新活动，甚至是学习目标等。

● 永远不说不（也永远不说无聊）。当你说永远不想做某件事或者做过的某件事很"无聊"时，你就不能探索新的可能性。好奇的人愿意体验各种各样的事情。

● 充分利用大量学习资源，包括免费的在线课程、直播、播客、书籍、有声读物（非常适合充分利用长途旅行）等。

● 问开放式问题。试着学学孩子们，多提问题，多问问是谁、是什么、在哪里、在何时、为什么等。提出问题后，要积极倾听他人的想法。

● 看问题不要浮于表面。

● 为自己设定学习目标，例如在月底前学会某首钢琴曲、每周完成5个小时的语言学习、在年底前获得项目管理资格证书等。使用SMART原则设定目标，确保你的目标是具体的（S）、可量化的（M）、可实现的（A）、相关性强的（R）（与你的职业或生活目标相关），并限时完成（T）。

● 不要把好奇心用在八卦或不重要的细节上。这种行为无异于浪费宝贵的时间和精力。

● 当你看到别人成功时，先为他们庆祝。然后调动你的好奇心，问问他们为什么能成功，克服了哪些挑战，采取了哪些措

第十八章
好奇心和持续学习

施,等等。

我还想简单谈谈如何培养孩子们的创造力,因为我非常关心这个话题。如果你有孩子（或者你在工作中需要与孩子们打交道）,一定要鼓励他们提问题、尝试新事物、多读课外书、发展新爱好,等等。表扬他们所付出的努力,不要夸奖他们的天赋（例如,你可以说"你的拼写测试成绩很好,你一定很努力地学习这些单词",而不是"你的拼写测试成绩很好,你真的很聪明"）。同时,要向孩子们灌输"暂时不会但可以学"的思想。当他们说他们不会或做不到某件事时,让他们加上"暂时"这个词。反复向孩子们强调这种思想,直到他们习以为常。当然,在谈论自己的技能和知识时,你也要这样说。

给雇主的建议

企业和领导者应该鼓励员工激发好奇心和保护持续学习。领导者可以表扬员工的努力,而不要只着眼于员工的成果和产出（例如,企业可以将绩效评估与学习目标结合起来）。雇主应该鼓励员工发展兴趣爱好,自主设定学习目标。雇主一方面要鼓励员工自主学习,另一方面也要购入更正式的学习资源和技能提升资料。

你也可以将好奇心纳入对应聘者的评估指标,从而招聘具有好奇心的员工。

此外，你要建立鼓励提问的企业文化。领导者（尤其是保持谦逊的领导者）可以从自己做起，多提问。记住，领导者的言语有非常大的作用。试着用学习机会代替失败，记住"暂时不会但可以学"的力量。如果人们不知道怎样做某事，他们也只是暂时不知道而已。

❖ 本章小结 ❖

让我们快速回顾一下关于好奇心和持续学习的要点：

● 好奇心是学习和理解新事物的欲望。这种对学习的渴望引导我们走上持续学习（也称为终身学习）的旅程，对知识展开持续的、自发的追求。

● 好奇心和持续学习尤其需要谦逊和成长型思维（也就是说，相信每个人都有成长、学习和提高的能力）。

● 好奇心是推动我们获得有趣的新体验的自然驱动力。如果你能保持好奇，并将好奇心用于持续学习中，那么你就有很大机会获得成功的职业生涯和个人生活。好奇心也是影响企业绩效的一个重要因素。

● 为了激发好奇心、保持持续学习，你要培养谦逊的态度和成长型思维。（你可以从阅读卡罗尔·德韦克的《思维模式》一书起步。）其他的好做法包括多问开放式的问题、仔细倾听别人的观点，并寻找新的经验和学习机会。

第十八章
好奇心和持续学习

好奇心和持续学习能够帮助我们应对生活和职场里的变化——如果你愿意不断投资技能和知识,那么你将更加游刃有余。下一章,我们将探讨个人和企业拥抱变革的其他方式。

第十九章 接纳并庆祝变化

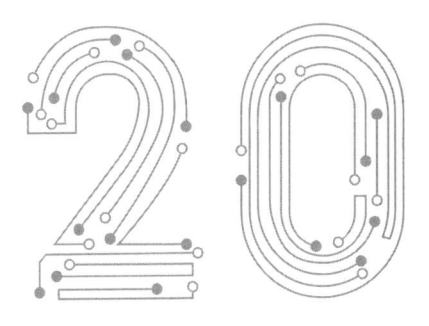

第十九章
接纳并庆祝变化

第十二章曾经提到，我们正面临着由技术驱动的加速变革，数亿人可能要在未来十年内更换工作或学习新技能。适应性使我们具备了应对大小变化的心理韧性，并学会兵来将挡。但是，如何以实际行动应对变化呢？个人和企业应该怎样做才能接纳甚至庆祝变化呢？继续阅读，你就会得到答案。

❖ 接纳并庆祝变化是什么意思 ❖

变化始终是生命的一部分，是进步和进化的基础（对于个人、企业和人类都是如此）。有些变化可能令人惧怕，例如不断变化的新冠疫情（至少新冠疫情的早期阶段让人恐惧）等。变化可能难以应对。

学会接纳并庆祝变化一定会让生活变得更简单。显然，适应性较强的人更容易接纳变化，这是出于心理层面的因素。在本章中，我们主要讨论实际行动。我认为，以实际行动接纳变化可以分为两个过程：学习管理变化（即引领变化并实现变化）以及学习适应变化（当你是接受变化的一方，你就要适应变化）。有些人更擅长引领变化，有些人更擅长适应变化。尽管每个人擅长的领域不同，二者都是同样重要的。

无论你是引领变化的一方还是适应变化的一方，你都可能面临各种挑战。当你需要引领变化时（从搬家到企业改组都是变化），你需要遵循一系列步骤，而每一步都面临着重重阻碍，其中的一大阻碍就是抗拒变化。如果人们抗拒变化，那么变化就不可能实现。

如果你是接受变化的一方，难度就小多了。只有克服了对变化的抵制情绪，你才能适应变化。

改变为什么这么难

科学家兼麻省理工学院讲师彼得·森吉（Peter Senge）有言，"人们从来不抗拒变化，只是抗拒被改变"。为什么会这样呢？这在很大的程度上是因为人类有习惯倾向。想想你在日常生活中坚持着多少种习惯：起床睡觉的时间、早餐吃什么、做什么运动、怎样度过晚上、喜欢的爱好，等等。当日常惯例发生变化时，你需要一段时间来适应新的状况（想想在改密码之后的几周，你还会经常输入原来的密码）。

这是因为习惯很容易变得根深蒂固。变化发生后，我们必须努力改变这些根深蒂固的行为。最终，新的行为又会变得根深蒂固。然而，在改变旧习惯和适应新现状之间的那段时间可能会令

第十九章
接纳并庆祝变化

人感到不舒适甚至十分沮丧。面对较大的变化（比如可能涉及裁员的企业重组），你也可能非常恐惧，而恐惧往往是导致抗拒变化的罪魁祸首。但需要克服的障碍远不止抗拒变化一种。其他障碍还包括：

- 变化的大小：较大的变化可能比较小的变化更难适应和实现。
- 之前的尝试都以失败告终：这可能会让我们持怀疑态度看待未来的其他变化。
- 不确定性：大多数人宁愿做错也不愿意面对不确定性——我们更希望解决问题，认为即使是以错误的方式解决问题也比不解决问题更好。变化意味着不确定的结果，意味着不一定能成功，这令人感到不快。

变革模型

改变是困难的。专家们投入了大量时间和精力来探索变化的全过程，并研究出了变革模型，旨在帮助人们理解、管理和适应变化。

大卫·格莱切尔（David Gleicher）率先提出了变革公式，后经凯瑟琳·丹尼米勒（Kathleen Dannemiller）修正，旨在帮助企业领导评估变革的成功率。公式如下：

$$C=DVF>R$$

其中：C代表变化，D代表对现状的不满程度，V代表认为事情可能更好的愿景，F代表为实现这个愿景而采取的初步措施，R代表抗拒程度。

根据这个公式，如果不满程度、愿景和初步措施的乘积大于抗拒程度，那么变革是可行的。反之，如果这三个关键因素中的任何一个不存在或数值较低，抗拒就会胜出，变革就会失败。

另一个典型模型是"J曲线"变革模型（也称为萨蒂尔变革模型）。该模型由家庭治疗师弗吉尼亚·萨蒂尔（Virginia Satir）创建，他将变革分为五个阶段，旨在帮助人们应对变化，并为正处于变化中的人们提供支持。

这五个阶段分别是：

- 第一个阶段，后期现状。在这个阶段，人们知道会发生什么，也确切地知道期望的是什么，应该达到什么目标，应该怎样做。此时，人们很有安全感。

- 第二个阶段，外来因素和抗拒。在这个阶段，外来因素、驱动因素或威胁会改变现状。人们的安全感和稳定感受到了威胁。其结果通常是导致人们抗拒。

- 第三个阶段，混乱。在这个阶段，外界环境发生了变化。人们很难预测接下来的走向，因此可能感到压力、不适、困惑甚至是害怕。在职场中，处于这个阶段的员工会表现欠佳。在人际关系中，处于这个阶段的人会感到很棘手。

- 第四个阶段，整合。在这个阶段，人们会发现外来元素的积极面（这个过程被称为想法转变）。例如，公司领导层发现实

第十九章
接纳并庆祝变化

施新流程会让员工的生活更轻松,这就是外来元素的积极面。这时,变化令人感到兴奋,人们开始接受变化。个人表现和人际关系都会得到改善。

- 第五个阶段,新的现状。在这个阶段,人们已经适应变化了,工作表现也较之前有所提高。最后,新的现状会变成后期现状,整个过程也会重新开始。

这个模型原本用来描述接受家庭治疗的人的行为模式,但它也适用于其他正在经历变化的人。这个模型得出的重要结论是,变化是自然的过程,情况在变好前通常会先变得更糟——因此,反映表现和关系的J曲线整体呈现先下降后达到新高的趋势。稍后将介绍应对这五个阶段的实际做法。

简要介绍变化管理

让我们探讨一下如何实现变化吧。从一种状况过渡到另一种状况的过程可能非常艰难,而变化管理能够让你更顺畅地完成过渡。变化管理是助你顺利完成状况过渡的一系列任务,是有效管理变化的方式方法——这些变化可能因为应对未知事件(例如业务中断)而起,也可能是改善企业表现的途径之一。

变化管理既包括个人层面(例如要考虑个人需求),也包括企业层面(例如克服所有困难)。另外,企业变革管理针对的是整个企业的系统化变革。变革管理的工具和方法有很多,稍后将展开介绍。

接纳并庆祝变化为什么重要

在职场中，变化是始终存在的。新技术不断涌现、市场持续变化、企业不断扩张或削减开支，变化时时刻刻都在发生。你可能认为近年来变化的速度越来越快了，但你要知道，在第四次工业革命期间，变化的速度甚至将超过你的想象。

改变往往是困难的，但改变可以变成一股强大的力量。如果生活一成不变，那么谁都会感到无聊、受限又枯燥。想想你曾经成功改变的某个习惯，或者跳槽之后工作变得更充实了；你做出改变时可能是很艰难的，但一定值得。这就是J曲线的现实应用。

尽管变革可能会带来回报，但事实情况是，大多数变革计划都失败了——确切地说，变革的失败率高达70%。这可能要归咎于适应性差，也可能是因为企业未能正确地实施变革并帮助员工适应变革。变革过程中出现的问题可能会导致许多负面的连锁反应，包括：

- 抗拒（或害怕）未来的变化；
- 失去动力；
- 生产力下降；
- 人才流失；
- 企业领导层与员工脱节；

第十九章
接纳并庆祝变化

- 被适应性更强的竞争对手甩在后面。

总而言之，我们必须提高应对变化的能力，学会积极地接纳并庆祝变化。这就引入了下一点。

❖ 怎样接纳并庆祝变化 ❖

如果你缺少应对变化的实际技能，你就不可能接纳并庆祝变化。无论你是引领变化的一方还是接受变化的一方，以下建议都会对你有所帮助。

给适应变化者的建议

如果你是适应变化的一方，那么你可以：

- 首先，承认变化正在发生。逃避是没有意义的。承认变化是正常的，是不可避免的。
- 评估自己的适应性水平，努力提高灵活性。
- 收集信息。面对变化时，你可能很容易仓促采取行动。这未必是一件好事。这时，你应该慢下来，动用你的批判性思维。多提问题，收集信息，客观评估变化的内容、形式以及原因。回顾上文的变革公式，厘清变化背后的愿景，并找到应对变化的具体步骤。
- 体会并接受你对变化的感受。但是，尽量不要根据这些感受来做出反应。你应该谨慎对待变化，在收集足够多的信息后，三思而后行。

● 不要设想最坏的情况，要多想想最理想的情况，这样才能接纳并庆祝变化。试想一下变化能带来的最好的结果是什么。你的工作和生活是怎样变得更好的？

● 寻找掌控变化的方法。你也许不能决定变化的走向，但你可以掌控某些领域。例如，你可以制定应对变化的措施。你也可以根据企业的总体规划来设计自己的时间规划及里程碑事件。

● 为自己设定一些学习目标，从而更好地适应某种变化。例如，如果你要承担新的责任，那么哪些课程或书籍可以帮助你胜任这项工作？

● 迈小步子做大事。你不能一口吞掉一头大象，也不能奢求一下就解决所有问题。迈出第一步之后，再走第二步。

● 给自己一些时间。改变习惯和学习新行为的过程可能非常缓慢——事实上，养成一个新习惯的平均时间是66天。耐心点儿。

● 当事情没有按计划进行时，不要苛责自己。之前我讲过了J曲线的形状，它是先降后升的。记住J曲线，提醒自己这是整个过程的一部分。

● 与同事保持联系。确保沟通渠道的畅通，特别要注意与不在同一个地方工作的同事保持沟通交流。

● 了解别人的感受。和同事谈谈你正在经历的变化以及你的感受。问问他们对变化有什么感受，又是怎样适应变化的。试着

第十九章
接纳并庆祝变化

接近始终抱着积极态度应对变化的人，远离那些视变化为职场侮辱的顽固消极人士。

● 鼓励自己。取得大大小小的胜利时，要奖励自己，即便是精神鼓励也是非常有用的。如果你的团队共同实现了某个目标，那么尽量一起庆祝一下。

● 思考你的韧性。想想看，如果你实现了一个又一个目标，经历了诸多变化，最终成为一个更强大、更聪明、适应性更强的人，这难道不神奇吗？

为引领变化的企业和个人提供的变化管理技巧

变化管理的流程有很多种，你可以从中找到适合你的那个模型。遵循特定的变化管理流程，并在变化的不同阶段使用相应的工具和模板（例如跟踪工具等），这会让你的生活变得更轻松。

约翰·科特博士（Dr. John Kotter）提出的"引领变革的八个步骤"是一种上佳的变化管理方法。简单介绍一下这八个步骤：

1. 制造紧迫感——通过向他人传达变革的重要性来实现。

2. 建立指导联盟——一个指导、协调和与参与变革的人进行沟通的团队。

3. 确定战略愿景和计划——设想未来与过去不同的愿景，并制订实现该愿景的计划。

4. 招募志愿军——他们将围绕着共同的目标团结起来，帮助推动变革。

5.清除障碍——比如取缔阻碍变革的低效的公司流程。

6.创造短期胜利——这样做有助于跟踪进展，并让更多的人参与到变化管理过程中。

7.巩固变革——变革成功后，更大力度地进行接续的变革。

8.锚定变革——在新行为和企业成功之间建立联系，直到新行为变得根深蒂固。

你还可以更深入地了解J曲线变革模型，重点理解人们在不同阶段的感受以及支持他们的方式。例如：

● 在第一个阶段（后期现状），你可以鼓励人们探索新的做事方式。

● 在第二个阶段（外来因素和抗拒），你可以鼓励人们分享自己的感受。

● 在第三个阶段（混乱），你可以支持人们尝试全新的工作方式，让他们知道失败或感到沮丧是正常现象。

● 在第四个阶段（整合），人们开始适应变化，你可以构建积极的人际关系，多与他们沟通交流。

● 在第五个阶段（新的现状），你可以庆祝成功。

因此，要实现成功的变化管理，你需要掌握清晰的变化方法，明确变化将对企业员工产生怎样的影响（从而给他们一些支持）。

以下是推动企业变革的通用建议：

● 从快速获胜起步。失败的变革可能会导致人们对未来变

第十九章
接纳并庆祝变化

革产生怀疑。相反，成功的变革能够让人们更积极地看待未来变革。考虑到这一点，你要寻找能引导积极心态的小而快的胜利（即便小变革没有成功，它带来的负面影响也比直接做出大变革更小）。

- 记住，人们通常更喜欢循序渐进的改变，而不是翻天覆地的变化。

- 将目标分解成更小的里程碑。这样做更便于问责和跟踪进展，同时也有助于保持前进的势头和热情。

- 清晰的沟通非常重要。科特模型提到，你要告知他人你的愿景、需要变革的原因以及变革将对企业员工产生怎样的影响。你还要知道人们在担心什么，你要怎样鼓励人们说出想法，怎样消除他们的恐惧。

- 找到关键的具有影响力的人物。企业中总有一些普通员工能得到人们的拥护。找出这些人，尽早让这些人参与到变革中。他们很可能会吸引其他人加入。

- 锻炼同理心。站在别人的角度思考问题。如果你是他们，那么你会对这个变化有什么感觉？重新审视 J 曲线的各个阶段，理解人们在每个阶段可能出现的情绪。

- 为即将出现的问题做好准备。在适应新工作方式的过程中，人们一定会经历表现欠佳、轻微受挫的阶段。试着预测可能发生的问题，这样你就可以在它们变得难以收场之前解决它们。潜在的障碍可能包括不适应公司的政策和程序、缺乏培训或工具、抗拒变革等。

- 庆祝大大小小的成功。你应该建立一种变化值得庆祝的企业文化。因此，要重视并嘉奖变革过程中取得的成功。随着时间的推移，变化会成为一种积极的力量。

- 鼓励持续改进。达到新的现状后，不要止步不前。鼓励团队成员不断探索新的工作方式。你应该建立一种持续改进、逐渐改进的文化，将变化刻进企业的基因。

- 看看提升技能和重塑技能与失业的联系。在第四次工业革命中，技能的更新换代速度会变得非常快，这是企业变革中不可避免的一部分。你要接受这种现实，并尽可能多地学习新技能。

❖ 本章小结 ❖

本章的主要内容有：

- 70%的变革计划都会失败，因此我们都需要学习如何更好地应对变化。

- 接纳和庆祝变化涉及两个不同的过程：管理变化（即引领变化并实现变化）以及适应变化（当你是接受变化的一方时，你就要适应变化）。

- 对于个人而言，有很多方法可以提高适应变化的能力。例如，你可以提高适应性，提问题，收集信息，为自己设定目标，一次专注于一步，并在适应新现状的过程中保持耐心。

第十九章
接纳并庆祝变化

● 要成功地管理变化,你需要掌握清晰的变化方法,明确变化将对企业员工产生怎样的影响(从而给他们一些支持)。

在引领变化或适应变化的过程中,你要好好照顾自己,留出时间修养身心,更好地掌控生活。接下来,让我们共同探索一下最后一个技能。

第二十章　照顾好自己

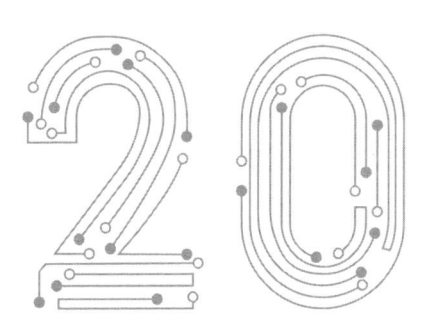

第二十章
照顾好自己

　　世事风云变幻，以快速的变化为特征的第四次工业革命正如火如荼地进行，这一切似乎势不可挡。虽然我很喜欢自己所做的事情，但是有些时候我仍然觉得要做的事情太多，心理压力很大，变化的速度太快，身体疲惫不堪。你可能也曾经有过类似的时刻。生活节奏变得越来越快，这样的"时刻"也变得越来越普遍，越来越持久了。因此，你要照顾好自己，保持身心健康，并在生活中找到更多的平衡。

　　这是我一直在研究的一个领域。说实话，我自己也没有达到完美的工作生活平衡。我热爱我的工作，有些时候我很难放下工作去享受生活。有时，我也会感到压力和烦扰，也会偶尔出现身体问题和心理问题。照顾自己并非易事。把照顾自己放在最重要的位置，腾出时间去关注自己的身心健康，划清工作与生活的界限，花更多时间陪伴妻子和孩子，这些对我来说都需要特意去做。我不会过多谈论我的方法，但我会分享一下我觉得有用的工具和技术。

　　当然，本章的内容不一定百分之百适合你，所以你应该多探索其他感兴趣的领域和习惯。水彩画、拳击、麻理惠（Marie Kondo）式房屋整理都可能是你理想的减压剂。请找到照顾自己的有效方式以及可以使生活变得更轻松的技巧。本章可以给你一些启发。

❖ 怎样照顾自己 ❖

所有关于保持身心健康、减少压力、腾出更多时间去做重要的事情等的方法都可以归结为一点：找到平衡。人们对此存在一种普遍的误解，即"工作生活平衡"意味着在工作和生活上花费相同的时间（就像把工作和生活放在天平的两端一样），但事实并非如此。对你来说，这种平衡可能意味着每天工作4个小时，而对其他人可能意味着工作更长的时间。找到平衡的意思是将工作和生活分开，工作时间做好工作，生活时间过好生活。

总结一下，我所说的照顾自己和找到平衡意味着：

- 能够按时完成工作，不要整天扑在工作上。
- 花一些时间陪伴孩子、伴侣、朋友和你认为重要的人。
- 划清工作和生活之间的界限，这样你就不会一直担心或想着工作。
- 尽量吃有营养的食物，定期锻炼，适当放松，发展你的爱好，参与喜欢的活动。
- 保证适当且充足的睡眠（有的人需要睡9个小时，有的人睡6个小时就够了）。

这些方法都是十分理想化的。你可能还有很长的路要走，也可能需要比别人付出更多努力。这是正常的。

第二十章
照顾好自己

忘掉完美

照顾自己和找到平衡并不是要给自己施加压力或增加一个要追求的目标，也不是让你觉得不做某些事情就很失败。相反，这是要求你向着更平衡、更充实的生活迈出小小的、坚实的步伐。你要知道做哪些事才能让你拥有满意的工作和生活，然后去做这些事情。

本章反复强调"时间"一词，但平衡并不意味着在一天中完成更多工作或更有效率。这并不是在否认时间管理的重要性，但时间管理不是达到平衡的关键所在。平衡其实是一种满足感。

这说起来容易，但做起来难。事实上，在现代社会中，平衡是很难达到的。从前，大多数家庭可以靠一个人的收入维持生计，但如今这种情况已经不再适用了。很多人要兼顾工作和家庭（还可能需要承担其他责任）。抽时间搞业余爱好或锻炼身体似乎变得可望而不可即。然而，真正的"平衡"意味着照顾好自己和他人，意味着陪伴，意味着做一名优秀的父母和合作伙伴，意味着工作出色，更意味着照顾好自己。

为了达到平衡，你可能需要做出一些艰难的决定，比如拒绝某些事情、更坚定地划清工作与生活的界限、更严格地规划清晨时间，等等。这些事情做起来可能不太容易（我也得努力做这些事情），但更平衡、更充实的生活当然值得我们为之努力。坚持向前走，即使小小的步子也会带你走向远方。

你现在达到平衡了吗

首先，请你评估一下现在的平衡状况。问问自己：

- 我目前优先考虑的是什么？我是否关注生活的某一部分？其他生活受到了怎样的影响？
- 我的身心是否健康？我是否经常感到沮丧、愤怒或疲惫？
- 我为什么会有这种感觉？具体来说，我是否对特定的东西感到压力？
- 我需要改变什么？本章结尾的实用技巧应该会帮助你设计出一个适合你的行动计划。

SHED方法简介

当我第一次看到绩效教练萨拉·米尔恩·罗（Sara Milne Rowe）发明的SHED方法时，它立刻引发了我的共鸣。SHED代表睡眠（Sleep）、喝水（Hydration）、锻炼（Exercise）和饮食（Diet）。SHED方法可以帮助我们养成积极的习惯，更好地掌控生活。萨拉还提到了五种重要能量，我觉得这一点非常有趣。

这五种能量包括：

- 身体能量。身体是其他能量的基础，所以一定要保证你的身体能量。这就是SHED方法的实际应用：保证充足的睡眠和休息、多喝水、做运动（什么运动都可以）、注意饮食。这样做不

第二十章
照顾好自己

仅能增强身体能量，还能改善情绪。

● 情绪能量。你要设法保持内心的平和与积极，并学习调节不良情绪（例如，当你感到焦虑时，做几个深呼吸）。

● 思维能量。积极的情绪能量会增强思维能量，这能让你集中精力，解决问题，做出更好的选择，保持好奇心，等等。

● 人际关系能量。你身边的人会影响你的感受。因此，你周围的人应该增强你的能量，而不是消耗能量。

● 目标能量。这意味着去做那些能够让你提起兴趣的东西（这通常与自身利益无关）。如果你不关注目标，不问自己"为什么要做这件事"，你的生活就会平淡如水，毫无生机。

萨拉认为，管理好这五种能量能让你发挥出最大潜力，也能让你心情愉悦。不过，在生活中做出任何一种持续的改变（在此处特指达到更平衡的状态和建立持久的照顾自己的习惯）都不容易，也都会消耗能量。如果你能建立良好的SHED习惯，多做一些能够调动情绪和思维的事情，多与正确的人相处，向着大目标进发，那么你的能量就会增加，坚持改变就会容易得多。

❖ 为什么要照顾好自己 ❖

我认为，当前正是聊这个话题的好时机。未来不可预测，世界变化迅速，社会面临着很多重大问题。技术带来了新的挑战，也模糊了工作和生活之间的界限。个体户和居家办公者应该对此更有切身体会。如今，我们更需要照顾好自己，保持身心健康，这样才能在工作中表现出色，实现个人和职业目标，为我们所关心的人服务，同时保持心情愉悦。毕竟生命只有一次，不能重来，这个理由本身就是照顾自己、达到工作生活平衡的非常有说服力的理由。

下面，让我们来探讨一下照顾自己和达到工作生活平衡的具体方式。

压力更小

压力会对你的身体、睡眠、情绪状态甚至行为产生负面影响，会导致高血压、心脏病和糖尿病等健康问题。即使是胸痛、疲劳、肌肉紧张、头痛、胃不适、胃灼热、睡眠不良等轻微病症也会对你的身心健康造成重大影响。你可能会情绪低落，或者对生活失去兴趣。你的免疫力会降低，因此你可能经常感冒。你阴晴不定、心烦意乱，这可能会导致人际关系问题。压力会渗透到你生活的方方面面，让你很难享受片刻平静。

真正令人担忧的是，太多人感觉压力很大。英国的一项研究表明，74%的人感到压力太大，以至于不知所措或难以应对（这是新冠疫情前的状况）。当我们不堪重负时，即使是不起眼儿的障碍或决定也会令我们感到不可逾越。美国心理协会调查了美国人在新冠疫情期间的压力水平，发现三分之一的人压力很大，就连面对穿什么、吃什么等简单的决定时也很难做出抉择。

第二十章
照顾好自己

压力的成因有很多：自己或亲人的身体状况不佳、出现财务问题、发生全球性事件、与（似乎更成功的）他人比较等。但不可否认的是，工作是造成压力的罪魁祸首之一。根据美国的一项调查，多达83%的工人因为工作而感到压力。

面对压力时，我们通常有一套应对机制，但它往往会适得其反。英国的一项调查发现，近一半儿的人承认他自己因为压力大而吃不健康的食物，大约三分之一的人开始喝酒或喝得更多。这是一个典型的悖论：压力大时，我们吃垃圾食品、喝酒、瘫在沙发上而不是出去走走，结果只会感觉更糟。

我们不能完全消除压力，但是可以在一定的范围内减轻压力。每个人都应该照顾好自己，过上更平衡的生活，这样我们才能更平和、更专注、更抗压，最终达到减轻压力的目的。稍后我将介绍更多实用策略，但无外乎就是好好吃饭、好好睡觉、锻炼身体、划清工作和生活的界限等。

身心更健康

工作生活平衡了，压力水平就会随之降低，身心也会更健康。从身体健康的角度来看，我们并不适合每天伏案工作八小时以上。我们得动动，去外面走走，呼吸新鲜的空气。离开桌子，多活动身体，可以在午休时间出去走走，下班后跑跑步，做做喜欢的运动，这些都能帮助你过上更平衡的生活。

工作生活平衡也会让心理更加健康。对我本人而言，当我可以平衡工作与生活时，我感到更平和。平和的人通常能够更妥善地应对焦虑、迎接挑战、处理负面想法（相反，紧张的人在遇到问题时可能陷入恐慌情绪，使问题复杂化）。换句话说，当你能掌控生活、能过上平衡的生活时，你的心理也会有喘息的空间，你也能以更健康、更缜密的方式来识别并处理想法，而不是机械地做出反应。

人际关系更好

达到平衡的好处之一是有更多时间陪伴家人和朋友。更重要的是，你可以全情投入人际交往：你不会为手机上的工作电子邮件而分心，不会考虑工作，不会阴晴不定、心烦意乱，不会感到疲惫。当然，人无完人，谁都不能始终保持这种理想状态。但在养成一些能帮助你达到平衡的习惯后，你通常就不会那么易怒、疲劳、压力大了。

工作表现更佳

有些企业家或领导者每晚只睡 4 个小时，每天的工作时长长达 20 个小时。如果这样的作息能让他们感到满足，那么他们这样做就是有好处的。但我们不应该轻易效仿他们，因为成功不是在唯一的赛道上勇往直前。你可以既做好工作，又过好生活（要

第二十章
照顾好自己

实现这一点，你需要斟酌各项任务的优先级、勇于放权、划清生活和工作的界限，稍后我们将作深入讨论）。

对我来说，保持生活和工作之间的平衡并在二者之间划清界限让我的事业更成功了。在工作期间，我更加专注，能集中精力完成各项任务。同时，我照顾好了我的身体、心理和情绪，这让我更加放松。

更有创造力

压力很大、健康状况不佳、睡眠不足等不平衡症状都会削弱你的创造力，因为这些症状非常耗费心力。这个问题非常严峻，因为想要过上成功、充实的生活，就必须发挥创造力。找到平衡后（具体方式是将生活和工作分隔开并照顾好自己），你的创造力就会被激发出来。你是否有过这样的经历：在百思而不得其解的时候，出去走了走，突然就想出了解决办法？这就是给大脑留出想象空间之后会发生的事情。

❖ 怎样更好地照顾自己 ❖

想要更好地照顾自己，就要养成适合自身的习惯，进而找到自己的平衡。下面，我将提出几条实用建议，但你不需要完全照搬（另外，本章只提供了一部分建议，不能做到面面俱到）。你

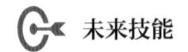

应该养成照顾自己的习惯和规程。你可以阅读前文提到的介绍 SHED 方法的书籍，并探索出自己的方法来增强五种能量。

保持身体健康

让我们先来聊聊身体健康：

● 经常锻炼身体的人患各种疾病的风险较低。体育锻炼对肠癌、心脏病、糖尿病、痴呆症等疾病的预防效果较好。因此，你需要定期进行体育锻炼（例如散步、跑步、做瑜伽等）。英国国家医疗服务体系建议成年人每周保证 150 分钟以上体育活动，即每天 20 分钟左右。最简单的方法是把体育锻炼融入日常生活，例如骑自行车去上班，或者步行（而不是开车）去火车站等。

● 尽量多去室外，在阳光的沐浴下喝一杯咖啡也很不错。

● 均衡饮食，多吃天然食品（而不是深加工食品）。

● 控制酒精的摄入量。

● 多喝水！

● 养成良好的睡眠习惯。每个人的睡眠需求不同，不是每个人都需要一天睡够九个小时。但每个人都要养成固定的、可以休养生息的睡眠习惯。尽量固定起床和入睡的时间（在非工作日也要坚持）。睡前一两个小时里少看手机和平板电脑，远离各种屏幕。营造良好的卧室睡眠环境（例如安装遮光窗帘）。如果你需要把手机放在卧室里（闹钟才是定闹铃的首选），一定要把手机切换到睡眠模式或免打扰模式，这样你就不会被手机通知打扰了。

保持心情愉悦、精神放松

心情和精神状况直接关乎身体状况。此外，以下方式也有助于保持心理健康：

- 划清生活和工作之间的界限。我只要不在办公室，就不工作，也不查邮件。我会陪伴家人，或者独自享受一段安静时光。
- 放下电子设备，好好放松一下。我发现阅读、冥想和跑步可以让我放松下来。放松的方式还有很多种，包括深呼吸、泡澡、在树林里散步、做按摩等。
- 培养一些爱好，例如园艺、绘画、看电影、烹饪、跳舞等。
- 试着活在当前，不要总思考过去和未来的事。
- 说出你的感受，尤其是当你感到压力或焦虑的时候。在你需要帮助的时候，要大胆向朋友、家人或地方（国家）精神健康服务机构寻求帮助。
- 与他人保持联系。最好能与朋友或重要的人进行面对面交流。如果见面比较困难，就打个电话或者发条信息。
- 重新界定负面想法。我们的想法和感受是紧密相连的。试着找出那些负面的、消极的想法，然后重新界定它们。例如，把"这次演讲肯定会搞砸"变成"这次演讲一定会顺利"。
- 放下忧虑。我们很容易陷入一种焦虑陷阱：很多人觉得，如果我们非常担心某件事，我们就可以阻止它发生。但是，你的想法并不能控制外部事件，所以如果你在事情发生之前一直在担心它，你就会受两次折磨（前提是坏事真的发生，但很多时候坏事并不会发生）。试着接受它。即使最坏的情况确实发生了，你也有工具、力量和支持系统来应对它。

● 给未来的自己写一封信。在内心深处，你可能知道什么能滋养你的精神，也知道如何保持心理健康。所以，在你状态不错时，给未来的自己写一封信，到生活不太顺利的时候再拿出来读一读。你可以在信中列出一些让自己变得积极的事情，还可以列出那些令你感激的事情。把信保存好，这样你就可以在处境艰难的时候阅读它了。

● 接受不完美。完美主义会带来压力，所以要提醒自己，你不需要事事做到完美。你不需要是优秀的那一个。尽力就好！

● 记住，找到平衡是持续的过程，而不是一劳永逸的。你必须不停地努力，养成好习惯并坚持下去。这是非常值得的。

关注人际关系和目标

现在，让我们聊聊最后两种能量：

● 仔细思量一下你周围的人。问问自己，这个人会带给我能量还是消耗我的能量？

● 与那些让你感觉很好的人合作——那些积极乐观的、支持你的人。

● 尽量减少甚至避免与"能量吸血鬼"相处。远离那些令你疲惫不堪的人和只知道索取却从不付出的人。他们的消极情绪是可以传染的。与他们相处久了，你也会不知不觉地变得消极。

● 作为一名团队成员，你可能无法决定团队中有哪些人。即便如此，你也可以选择远离那些消耗你的能量的人，积极靠近那些用积极的情绪感染你的人。

● 目标就是利用你的时间和天赋来做一些有意义的事情。这说起来容易，但做起来通常很难（毕竟大家都要谋生）。但如果你能从事热爱的工作，那将是一个很好的起点。

● 如果工作无法带给你目标能量，那么你可以在工作之余做一些可以给你带来目标感的事情，例如在当地慈善机构做志愿者、指导或教育别人、写小说，等等。

理性决策并坚持你的选择

上文曾经提到，建立更平衡的生活可能需要你做出一些艰难的抉择并斟酌各项任务的优先级。下面的建议能帮助你做出更好的决定：

● 对不重要的事情说不。尽可能地帮助人们是一件好事，但有时他们的请求会与你自己的优先事项发生冲突。这时，你应该友好但坚定地说不（或者"现在不行"）。

- 放弃非优先的事项，尽可能将它们外包出去或委托他人完成。回看时间管理部分的内容（第十七章），获得更多有关待办事项优先级的信息。

- 舍弃浪费时间的东西，比如社交媒体通知让你拿起手机，而在不知不觉中，半个小时就过去了。关闭应用程序通知，并在合适的时间、条件下适当地使用社交媒体以及新闻软件等。

- 视时间为宝贵的资产，珍惜时间。例如，如果有人邀请你参加一个会议，但你觉得去参会不是利用这段时间的最佳选择，试着说"我认为我不应该参加这次会议"或"我认为我不能为这个会议带来贡献，但我很想看看会议纪要"。

- 设定严格的界限。例如，在下午5点后或周末不回复与工作有关的电子邮件——并坚定地守卫你的界限。

- 如果你在家工作，那么试着打造一个专门的工作空间，空闲房间的一隅或者楼梯下的空间都可以。你可以在那里工作，工作结束后就离开。

- 比工作方法，不拼工作时间。

- 当他人对你的期望值过高时，大声说出来。与你的经理或人力资源部门人员沟通，让他们知道这样的标准是不可持续的。

给企业和领导层的小建议

找到平衡不仅仅是个人的责任，企业应该挺身而出，帮助员工过上更平衡、更充实的生活。压力和生产力（或者更确切地说，缺乏生产力）之间的联系为企业这样做提供了充分理由：许多研究已经证明，压力越大，生产力越低。

企业不能忽视这一点。我认为，企业应该做到以下几点：

● 打造开放的企业文化。在压力过大时，人们可以自由地说出来。

● 领导层应该保持良好的工作生活平衡，例如定时休息，午餐时间离开办公室，不在非工作时间发邮件，等等。

● 尽可能推行灵活的远程工作制度。

● 培训管理者，让他们及时发现压力大的员工和工作生活平衡差的迹象。引入对应的系统来帮助这些员工。

● 让员工抽出一部分时间参加志愿活动。

● 鼓励员工用体育锻炼来释放压力。例如，补贴一部分锻炼课程的费用、在公司开设瑜伽课程、为员工提供健身房折扣等。

● 问问你的员工，他们希望公司做些什么来促进他们的工作生活平衡。

❖ 本章小结 ❖

简要回顾一下关于找到平衡的要点：

● 在这个快速变化、信息超载的时代，必须照顾好自己，保持身心健康，并在生活中找到更多的平衡。

- 真正的工作生活平衡不是在工作和生活上花费相同的时间，而是将工作和生活分开，工作时间做好工作，生活时间过好生活。

- 达到工作生活平衡的实际做法有：提高工作效率，留出生活时间；与重要的人共度美好时光；划清工作与生活之间的界限；好好吃饭；定期锻炼；为爱好和放松留出时间；养成良好的睡眠习惯。

- 萨拉·米尔恩·罗的SHED方法为照顾自己提供了指针（SHED代表睡眠、喝水、运动和饮食）。她在书中谈到了照顾五种"能量"的必要性：身体能量、情绪能量、思维能量、人际关系能量和目标能量。

- 提升五种能量的好方法包括进行日常锻炼或运动；练习冥想；放下完美主义；和积极的人相处；做一些给你目标感的事情。一定要找到最适合你的方法。

- 记住，照顾自己是持续的过程，而不是一劳永逸的。你需要付出努力、投入时间和精力、保持自律，但这是值得的，因为你能过上更平衡、更满意的生活——一种丰富而充实的生活。

至此，20种基本技能已经全部介绍完毕。现在，让我们最后总结一下。

结语

本书指出，要在第四次工业革命中取得成功，我们必须理解新技术带来的影响，并有信心与这些技术一同工作。此外，创造力、情商等人类技能将比以往任何时候都更加重要。

❖ 这 20 项技能描述了什么样的未来 ❖

本书反复提到一些关键词：
- 谦逊。认识到自己的优缺点，并在此基础上成长和提高。
- 乐观。每个人都能迎变化之浪潮而上。
- 自信。因为每个人都可以学习和提高这些技能。
- 韧性。知道这些技能可以帮助我们成功地应对任何即将到来的变化和挑战。
- 主动出击。传统的教育机构并不重视这些技能，所以我们要自主学习。

看到这些关键词，我就对未来充满信心。所以，当你听到人类没有未来，机器会取代所有人的工作这样的言论时，问问自己：这就是你读完本书后设想的未来吗？

我认为，这 20 种基本技能会引领人们进入更人性化、更有意义、更有成就感的职场之中。技术推陈出新，日常流程不断简化并实现自动化，许多工作岗位也将不断发生变化，15 年后的工作岗位如今可能尚不存在。这些变化带来的不确定性可能为我们带来了很多挑战，但这种对未来的愿景——企业重视人性，而不希望人们像机器一样行事——难道不令人兴奋吗？我可太期待了！

❖ 接下来要怎么做 ❖

培养本书中的技能将使你游刃有余地应对第四次工业革命带来的变化，还能让你自信地驾驭变革的浪潮。问题是，你到底应该从哪里切入呢？

我的建议是，从小处着手，循序渐进。同时提高 20 项技能只会令你不堪重负。你应该找出对你、对你的工作来说最重要的技能，并把它作为今年的重点任务。你可以给自己写一封信，简单写写你认为重要的技能和未来一年的学习计划（计划可能包括读书、报名参加在线课程、寻师问道、练习本书中的技巧等）。

到年末复盘时，你可以重新设定新一年的重点任务。你要循序渐进。请记住，本书的所有技能都是可以学习的。不要用"我不擅长这个"来推脱。记住"暂时不会但可以学"的力量——比如，"我暂时不会这个，但是我以后会掌握它的"。

❖ 积极面对未来 ❖

在本书结尾之前，让我们简要回顾一下第三次工业革命。它始于 20 世纪末，是由计算机技术驱动的。计算机技术让人们的工作和生活变得更加容易，创造了有价值的新工作，并让整个世界变得更小、更互通了（如果你忘记了当时发生的事情，那么请你相信我的话）。当时，所有的人都满心欢喜地接受了它吗？当然不是。但后来，它确实为大多数人带来了更好、更轻松的生活。当前的第四次工业革命尽管带来了许多挑战，但是它解放了人类，让我们把时间和才能用在最重要的地方，因此它终将让世界变得更美好，让生活变得更幸福。

对我来说，这 20 项技能预示着一个未来：到那时，人类将运用独有的创造力、同理心、人际交往能力等惊人潜力来创造想要的未来，并解决当前世界面临的一些重大问题。只要我们利用好人类才能，一切就皆有可能。